就是

愛和貓咪

宅在家

讓喵星人安心在家玩！

貓房規劃、動線配置、材質挑選，
500個人貓共樂的生活空間設計提案

漂亮家居編輯部 著

目錄 Content

KEY1 _BASIC 貓宅基礎解析

KEY 2_ CAT'S ROOM 獨立貓房

KEY 3_ CAT'S STEP SHELVES & DOOR 貓走道&貓門

120

130

140

148

156

164

172

182

BASIC

貓宅基礎解析

doctor

杜瑪動物醫院貓咪行為專科醫師
林子軒

IAABC國際動物行為諮詢協會
認證的專業貓咪行為諮詢醫
師、AVSAB美國獸醫師動物行為
協會會員,專長於貓行為問題
與行為諮詢專科。

貓咪換環境宜小心緩慢

一般成貓(一歲過後的貓即為成年)在生活中花費許多時間在睡眠,一天約
14～16小時或甚至以上,我們總是覺得貓咪十分懶散,一直打盹即是此因;
而睡眠以外其餘零星時間則是吃喝、如廁、玩遊戲、待在喜歡且固定處發呆
等等。我們可以發現,貓咪是生活十分規律的動物,因此當環境改變時,相
對於其他寵物較難適應,如果家中是局部整修時,建議貓砂盆與食物可緩慢
移動,外國專家建議一次挪動幾十公分,傢具也是分次少量更換為主。而搬
新家時,則可將貓與其主要物品安置於一間小房間內,讓牠先熟悉新環境,
有些性格較活潑的貓咪,可能幾個小時就按耐不住好奇心,想到外面搜尋新
天地了呢!但這裡不建議關貓籠,水、食物、貓砂盆同時在籠子裡,並不是
好的選擇。

最愛高處與隱祕的空間設計

剛剛提到貓咪有很規律的生理時鐘，除了睡眠之外，多會待在自己喜歡且安心的場所，一般會是高處或是能夠躲避身體隱藏的空間設計，最得家中貓主人的喜愛；而因為貓咪具有地盤概念，當家中有兩隻貓以上時，貓咪的主要物品（水、食物、貓砂盆等）及動線應儘量減少重疊，也能避免貓咪的爭執與心理壓力產生。

① 貓咪需逐步漸進慢慢適應新環境。　　　　　攝影－Amily　空間設計－拓璞本然空間設計

1

居高臨下
找到安全感

與獅子、豹等同屬於肉食性貓科動物的貓咪，即使到了現在仍然保有狩獵天性，必須待在高處才能清楚觀察獵物，並相對於草食性動物為了吃草而水平移動，肉食性的貓咪則是擅長上下垂直移動跳躍。

因此在住宅設計中，相較於水平空間的寬廣與否，為貓咪創造垂直動線，與家人行走動線錯開，更能讓貓咪擁有自己的安全領域，我會建議在設計時可將貓跳台或貓層架與窗景做結合，讓家中的貓星人享受俯視感受。

2
耀虎揚威的磨爪儀式

磨爪是貓咪的天性，牠們需要磨利前爪來獵捕食物，並利用磨爪的痕跡來展示自己的權威，我們常發現家中客廳的沙發總是被抓得稀巴爛，除了沙發的材質對貓咪來說抓起來感覺很好，也是因為一般沙發都放在家中顯眼的位置，在這裡磨爪才能展現爪功的厲害；而除此之外，磨爪也是貓咪釋放壓力的表現。常發生在剛睡醒的時候，有點類似人類剛睡醒時伸懶腰活動筋骨，貓咪也會趁睡醒時磨個爪舒解壓力，活動筋骨。

攝影－Amily　場地提供－格子窩創意

3

隱蔽空間
對貓星人的必要性

貓咪是屬於地域性很強的動物,非常需要「擁有自己的」勢力範圍,再加上為了保護自身安全,不讓敵人發現,因此很會尋找安全的隱蔽地點來躲藏,即使現在生活在安全的居家空間,仍然不改本性喜歡探尋可以窩藏的地點,因此家中能有「躲藏處」對於貓咪來說十分重要。但台灣的飼主往往沒有做好「躲藏空間」的規劃。一般人都以為丟個紙箱讓貓咪躲進去即可,但至少還要加上毛巾或浴巾遮擋,並將其放置隱蔽處。而當貓咪躲起來時,飼主也不應該打擾、逗弄,這樣反而容易讓貓失去安全感並產生焦慮。

4
吃、喝、拉、撒、睡
通通都分開

吃飯與排泄的地方必須分開，因為貓咪愛乾淨的天性會讓牠直接忽略貓砂盆的存在，所以關籠飼養將貓咪所有生活必需用品放在一起是絕對錯誤的方式。而家裡有兩隻貓以上時，則建議分開餵食，尤其是一同吃飯時，有貓咪開始狼吞虎嚥就需調整餵食方式，因為貓咪平常是優雅進食的動物，當偏離本來的行為模式，可能就是產生了壓力。

有些飼主認為讓貓一起吃飯牠們才會感情好啊！但其實應該記住是「感情好才在一起，而不是在一起就會感情好。」

5
貓砂盆要藏起來

貓咪是天性就喜愛乾淨的動物，平常有掩埋自己排泄物的習慣，因此貓砂
和貓砂盆絕對是飼養貓咪的必要工具，但很多飼主會發現貓咪不愛使用貓砂
盆，那可能就是你放的地方錯了，讓貓咪不屑一顧唷！除了之前所說水、食
物與貓砂盆要分開之外，貓咪也希望你能將貓砂盆「藏起來」。因為在上廁
所時對貓來說是處於相對弱勢的狀況，因此不喜歡被人發現牠在上廁所，為
了讓貓咪有安全感，貓砂盆最好放置在通風且固定的隱蔽位置，例如陽台就
是放置貓砂盆的理想區域。

6
貓咪再多
都能和平相處

當家裡有兩隻貓以上,且其中有些無法和樂融融相處時,我們在居家設計上就要多下功夫了!貓在行為上具有階級之分,當家裡有新貓加入,或是老貓不想被小貓打擾時,會為了維護各自的領域而躲藏。因此每隻貓的生活動線都應該儘量或完全分開,且增設貓跳台、四通八達的貓隧道等可供多隻貓隱蔽的空間,而在設計櫃子時,下方多留幾個適當的躲藏空間,長寬約40～50公分,就是貓咪最愛的祕密基地。

攝影－Amily　空間設計－只設計‧部

7

牽貓蹓躂非夢事

貓咪是單獨狩獵的動物，因此天生具有巡視領土的天性，是經人飼養後才安分在家，但其實貓咪被壓抑的外出欲望常會反應在生理與心理上，因而出現過度舔毛、強迫症或是泌尿問題等，如果能適時帶貓外出滿足其好奇心與嚮往，這些問題就能大幅減少。但即使貓咪能接受牽繩，在遇到吵雜或是突如其來的危險時仍會快速地掙脫，跑得不見「貓」影，因此會建議如果要帶貓咪出門散步，在蹓貓之前要先探勘地形，確認無躲避之處並避開有毒植物，最好選擇夜深人靜時出門，不去夜市等人來人往的地方，像是大樓的中庭或是樓梯間就是很好的蹓貓地點。

8
喵星人的居住動線最好能貫穿全室

如前面所說，貓咪與獅子、豹等同屬於肉食性貓科動物，是天生的「獵人」，每天的重要任務就是「巡視、探索、狩獵」，因此在居家設計時，要一同將我們的「貓室友」納入規劃之中。貓咪的行走動線最好可以貫穿全室，並結合垂直與躲藏空間設計，讓其可以登高望遠，又能遊走巡視，而在靠窗處加上窗台，留出足夠的空間讓貓咪可以隨時跳上，讓牠們有機會望向外面世界，並能曬曬太陽，就能讓喵星人能在家中滿足野外的一切需求喔！

INTERIOR / DESIGN / PHOTOGRAPHY

designer

裏心空間設計

傾聽屋主對居家空間與生活的
期待，並以設計專業協助達成
夢想，打造出獨特且個人專屬
的理想居家。

以貓咪的習性作為設計基礎

生活在繁華的城市，現代人大多居住在缺乏戶外空間、坪數比較小的高樓大
廈。因此若要飼養寵物，喜歡宅在家的貓咪便成了許多人的選擇，而且相對
過去對待寵物的方式，現在的飼主們不只將貓咪當成家人般對待，對牠們的
寵愛更經常延伸至生活空間，在已經有限的空間裡加入貓道、貓洞、跳台等
設計，不只藉此增加貓咪的活動力，也增加生活樂趣。

　　　　　　　　　　　文－王玉瑤　圖片提供－裏心空間設計

利用設計製造活動意願

既然是專為貓咪設計，首先要先確認自家貓咪的個性，大多數貓咪皆具備優秀的跳躍力，但有些貓怕高，會因為高度過高而怯步，因此跳台設計高度不宜過高，間距落差也不可過大，避免因為高度問題而降低使用意願；隨著跳台一路走到貓道，此時要從家中貓數量做考量，若是有2隻以上，那麼貓道就應有可容納2隻貓交錯而過的寬度，但最終寬度的拿捏也需考量到整體空間感，而且最好不要因此造成壓迫感或對家人生活產生阻礙。

雖然貓總是一副慵懶的模樣，但其實他們並非沒有活動力，設計時除了水平活動路線外，可加入垂直動線規劃，最好還能在不同高度設計讓貓咪躲藏的隱蔽角落，如此一來便能誘導貓咪使用增加活動力，同時又滿足他們喜歡躲藏在高處的特性。

整體來説，針對貓的設計無非是希望家裡的貓咪可以住得更舒適、健康，但與此同時居住者的舒適度也不應被忽視，因為只有在兼顧兩者的需求下，才能打造出真正讓人貓都住得開心的居家空間。

① 設計多重動線，變化路徑增加活動力與樂趣。　　　　　攝影－Amily　空間設計－裏心空間設計

1

貓道寬度對應飼養貓咪數量

一般最常見在牆上或者貓房裡設置貓道，雖然貓咪是動作敏捷的動物，但貓道的設計並非只是架上木板就好，而是應從貓咪可舒適行走為基礎做設計。一般貓咪行走於貓道時，除了直直向前走，也應該要留有可以360度轉身的空間，因此貓道寬度至少要有20公分寬，但如果家中不只一隻貓，則可能發生多貓同時在貓道上的狀況，此時貓道寬度需足以讓兩隻貓咪錯身而過，因此寬度最好可以加寬至約25～30公分，如此才能確保行走順暢，避免貓道發生塞車情形。

攝影－Amily　空間設計－裏心空間設計

2
使用材質
應細心挑選

愛乾淨是貓的天性，貓總是無時無刻用自己的舌頭整理身上的毛，因此要特別注意使用材質的挑選，如果可以，最好盡量選擇天然材質，不只可營造一個健康無毒的環境，也可避免貓咪舔到有毒材質，損害身體健康。另外，使用較柔軟有緩衝力的材質，如：軟木地板，可減緩貓咪跳下落地的衝擊，但若是在意清潔問題，則建議使用拋光石英磚等易清理的材質，清得乾淨也比較不會有味道殘留的問題。

3
貓房做好通風很重要

通常是多貓家庭才會有貓房的規劃，而貓房的功能除了睡覺、玩耍的區域外，也會將貓盆及其他的貓用品，一併收整在貓房裡，此時為了避免難聞氣味揮之不去與空氣流通，建議貓房最好安排在陽台附近或者有窗戶等通風較佳的地方。若是真的無法做此規劃，那麼在設計上應加強通風設計，像是門片不要做至頂，或者加入非封閉式的格柵設計，藉此便可留出適當開口以利氣味散去，確保空氣流通順暢動。至於門片或隔牆可選用玻璃材質，製造空間通透感，也方便隨時查看貓咪狀況與互動。

圖片提供－裏心空間設計

4

獨立貓屋大小
建議至少180公分寬

有時因為坪數不足,無法留出一個房間規劃成貓房,便會選擇設計獨立貓屋,多半會配置在畸零空間,像是樓梯下方,或是設計成櫃體形式。貓屋或貓櫃的大小大多落在180～200公分,深約90公分,這樣大小尺寸的貓屋,貓咪使用起來比較舒適,但基本上這也只是適合容納2隻貓的適當大小,所以如果是多貓家庭,建議可在不同地方,多規劃幾個貓屋,以免空間不足而造成貓咪相處上的壓力。另外,由於貓屋基本上空間並不大,所以要特別注意清理貓盆時的便利性,或者也可考慮將貓砂盆安排在別處,讓貓屋單純只是睡覺的地方。

圖片提供－裏心空間設計

designer

MOMOCAT摸摸貓
Osborn & Momo

家有9隻貓，從事貓咪手作傢具
8年資歷，也曾是貓咪中途之家
的一員。擅長各式貓咪傢具和
用品製作，規劃強調兼顧飼主
與貓咪需求，並藉由與客戶的
互動過程中，分享飼養貓咪的
正確態度，期待透過一次次的
交流，用自己的方式去改變社
會對待貓咪的觀念。

釐清目的和需求，
讓家人與貓咪找到最舒適的相處方式

所謂「貓傢具」泛指各項貓咪起居用具，包含貓砂屋、貓跳台、烘毛箱、貓
抓板、餐碗台、貓踏階、貓天橋等。其中，貓跳台又可分為「開放式」和「
封閉式（又稱貓櫃）」。兩者之間如何抉擇？MOMOCAT摸摸貓負責人Osborn
建議屋主可從使用目的著手，依照居家需求和空間條件先決定貓傢具的形
式，再進一步思考細部規劃，如：跳台數量、尺寸、是否結合貓砂屋等。

保持貓傢具移動彈性，避免過多固定式裝潢

隨著飼養貓咪的居家愈來愈多，Osborn建議屋主在思考貓宅規劃前，應該事先釐清各項設計目的。以貓櫃為例，必須先了解家中規劃貓櫃的動機和需求，以及空間條件是否允許等。他說：「貓櫃的好處是可以在必要的時候，把貓咪適當隔離，但不是一定需要做。」畢竟貓咪們多半喜歡自由，如果想給貓咪一個休息空間，一座簡單的貓跳台就已足夠，貓櫃只是一個輔助的工具，目的應該是保護貓咪，而不是把牠關起來，否則本末倒置，甚至徒增清潔上的困擾，得不償失。

此外，盡量選擇可移動式「傢具」，避免固定式「裝潢」。因為貓傢具常須面對貓咪的體液、毛屑、嘔吐物等，稍一不慎就很容易髒亂不堪、易損壞，如果拆掉重做不僅工程浩大也不方便。如果是移動式傢具就能配合需求隨時更換，也增加居家未來變化的可能性，如：搬家、增加貓口而擴大、貓咪過世需轉售、房屋轉手出售等。

❶ 思考貓傢具必須分別從「人」和「貓咪」角度思考，讓貓咪住得舒服，飼主也方便整理的貓傢具，才最基本的理想狀態。　　　　攝影－Amily　場地提供－Cat's House　空間設計－MOMOCAT摸摸貓

1
居家維護和整潔的便利性
是首要考量

提到貓傢具和一般傢具最大不同在於「需求」，除了照顧到貓咪的使用習性，更要方便飼主日常清潔和維修保養。設計不用太複雜，重點是在貓咪喜歡待著的地方，如：窗邊、沙發旁等，為牠們留下一個位置。而飼主心中夢幻的貓天橋，雖能豐富空間層次卻不好清理，除非飼主確定能夠天天巡視打掃，否則容易成為居家藏汙納垢、細菌滋生的最大溫床。

攝影－Amily　場地提供－Cat's House　空間設計－MOMOCAT摸摸貓

2
依貓咪個性
做客製化調整

貓跳台是由貓屋、貓抓板、貓抓柱、貓盤等配件組成,除了考量貓體工學的
使用動線,因應飼主照顧方式和貓咪個性差異,規劃也會有所不同,如:有
些貓咪比較害羞,貓屋開洞就不宜過多,留給貓咪更隱密的躲藏空間。若是
多貓家庭,則需注意貓咪們的互動情形,因為有些貓咪的地盤意識較強,就
會建議把貓櫃做出適度隔間,甚至規劃個別的飲食區做分開餵食等,讓貓咪
們都找到自己合適的位置。此外,許多貓咪喜歡互相追逐,貓屋建議至少有
雙出口,讓牠們從不同入口進出,玩起來更為盡興,不用怕被關起來。

攝影－Amily　場地提供－Cat's House　空間設計－MOMOCAT摸摸貓

3
固定式貓櫃，
設計階段先做好規劃

依貓櫃的形式不同，共可分為固定式、半固定式和可移動式三種。如果想做固定式貓櫃，必須在居家設計階段就先確認它的尺寸、擺放位置、櫃內格局、管線位置等，最上方務必預留通風管道，牆面可安裝烤漆玻璃，既防水又好擦拭，也可依需求上色創造風格。此外，施工期間盡可能確實監工細節，否則完工再做修改反而更費工費時。

規劃上，如果想兼顧裝潢整體性和貓櫃實用性，最理想的方案是半固定式貓櫃，把固定裝潢和可移動式貓跳台做結合。首先透過木工製作櫃體外圍結構和上方通風設備，搭配玻璃門、烤漆玻璃等防水牆面；貓櫃的外圍材質則有鐵籠、鐵網、紗網、玻璃、壓克力、木作、泥作等形式。最後放入一座可移動的貓跳台，美觀之餘，也兼顧後續清潔保養的便利，當櫃體老舊損毀時，也能輕鬆維修替換。

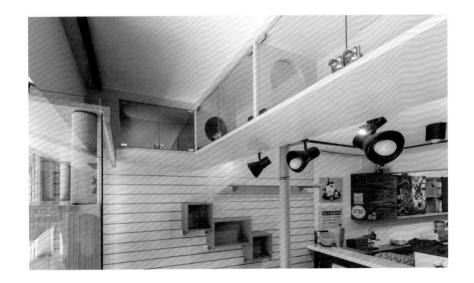

4
優先考量清潔維護的便利性，
材質務必防水好清理

不論哪一種貓咪傢具，「防水」一定是首要考量，板材切面也要做好安全封邊，不只好清潔、不易損毀、不卡毛，也適度保護貓咪。貓櫃板材建議選擇木心板、塑膠貼皮等材質，既能防水又好清理。若是一般原木材質、未貼皮木心板或波麗貼皮木心板等，就比較容易吸附味道，故不建議使用。

支撐跳台結構的貓抓柱，內部材質一樣必須注意防水（如：塑膠管等），以確保跳台的穩固和耐用性，外層纏上麻繩以滿足貓咪磨爪子的習性。有些市售貓跳台會以紙筒替代，價格雖便宜，卻不耐用，容易斷裂。

攝影－葉勇宏　空間設計－MOMOCAT摸摸貓

5
商用貓櫃
「衛生」維持好重要

商用貓櫃和家用貓櫃的最大差異在於「衛生」考量。設計上，材質選用須注意清潔與消毒的便利性，若遇到貓民宿、貓旅館等經常有不同貓咪來來去去的流動性場域，更需全面性避免使用任何會吸水的材質，以及麻繩、貓抓板等貓咪個人衛生用品，盡力防止貓咪之間可能的疾病傳染，如：皰疹病毒、腹膜炎、寄生蟲等。

6
貓跳台的擺放位置，以「人」的生活動線為考量

擺放貓櫃和貓跳台的絕佳位置，仍以貓咪最喜愛的窗前區域為首選。此外，飼主們經常待著的地方，如床邊、沙發旁、餐桌或書桌附近等，也是不錯選擇。因為天生傲嬌的貓咪們雖不一定會主動黏著主人討抱抱，卻仍習慣待在主人身邊陪伴，若附近就有貓跳台，牠們也會比較願意使用。

攝影－葉勇宏　空間設計－MOMOCAT摸摸貓

7

貓櫃採用外循環式抽風系統，
降低室內貓味

若空間條件許可的話，貓櫃也可以選擇外循環式的通風設計。其作法是在貓櫃和室外天花分別設置一台抽風機，同步抽取貓櫃異味再排放到戶外，藉此有效降低室內貓砂、貓尿等異味，並讓懸浮於櫃中的貓毛不易飄到室內，但仍無法完全隔絕。若室外天氣比較涼爽的時候，也能反向將室外空氣抽入櫃中做循環，搭配溫度濕度計隨時監測，讓櫃內達到最舒適狀態。

8
小門加鎖更安全

如果想在貓櫃留扇小門方便貓咪進出，建議洞口高度離地15cm，這個高度剛好約是貓咪胯下的高度。洞口直徑至少15～20cm，最好以20cm為佳，這是最舒適的尺寸，並需注意門片材質不宜太重，否則貓咪不好推開。小門可以加上一道鎖，方便飼主在必要時，可以把門上鎖，完全隔離貓櫃內外。

攝影－葉勇宏　空間設計－MOMOCAT摸摸貓

·

CAT'S ROOM

獨 立 貓 房

KNOW HOW
設計元素解析

所謂貓房，這邊定義為在一個獨立房間或櫃體中放置貓咪所有可仰賴為生的器具，像是水碗食器等。主要會特別獨立設計貓房的情況，多半是飼主外出時，需要將貓咪的活動範圍限制

圖片提供／齊舍空間設計

1. 貓房宜位在採光良好、與家人互動良好的區域

在配置空間時，多半會先將客廳、餐廳、臥房等主要空間配置完後，最後再去思考貓房的位置，像是儲藏室或後陽台，但往往不一定會是符合貓咪習性或生活的區域。建議規劃時將貓咪和家人的需求一起考量，貓咪一般都充滿好奇心，可將貓房放在鄰近窗戶的地方，讓牠們能眺望戶外風景，但配置時要注意日照時間和陽光入射範圍，避免屋內溫度過高，貓咪會承受不住。另外，貓咪多半喜歡觀察家人的行動，建議盡量配置在客廳、書房之類的公共區域。

在一定的區域內，或是多貓家庭需要隔離的情況。因此設計時需要考量到是否有足以讓貓咪活動的空間、貓咪數量和空間的比例是否適當、通風是否順暢、是否有放置貓砂盆和食器的空間等。

專業諮詢－裏心空間設計、MOMOCAT摸摸貓

攝影－Amily　空間設計－SKY拾雅客室內設計

攝影－Amily　空間設計－SKY拾雅客室內設計

2. 貓房、貓櫃內部的空間規劃

貓房大致可分成兩類，一是留出一個小房間給貓咪使用，二是設計成櫃體，將跳台、貓砂盆整合在一起。相較於貓櫃的設計，貓房的空間坪數較大，空間較不壓迫。而貓櫃的設計就須特別講究，由於一天當中可能會有一段時間待在櫃內，因此需特別注重通風和散熱問題，同時規劃從踏階到貓砂盆路徑需順暢，避免產生死角或是踏階高度不足難以通行的情況。

3. 窗戶加裝防墜設計

若貓房有對外窗時，要特別注意有些聰明的貓咪會開窗，因此建議加做防墜設計，可利用常見的兒童防墜鎖，讓窗戶只能開啟一定寬度，貓咪便無法鑽出去。另外，可直接固定紗窗，使之無法開啟，但若有會破壞紗網的貓咪，則建議選用不鏽鋼的紗窗材質，這樣既能維持通風效果，又能顧及安全。

x

攝影—Amily 空間設計—SKY拾雅客室內設計

攝影—Amily 空間設計—只設計·部

4. 避免在牆面使用壁紙、壁布

常常看到壁布、壁紙遭到貓爪的攻擊，建議牆面選用光滑的材質，像是直接上漆的牆面、烤漆玻璃、鏡面、美耐板等材質，都比較耐刮防髒。有時牆面會使用實木皮貼覆，建議選擇硬質的木皮，像是櫸木、鐵刀木，應避免使用杉木、梧桐木等較軟的材質，這是因為貓咪在忘我奔跑時可能會伸出爪子，若是木質較軟就容易產生抓痕，事後則需用補土材料或是砂紙磨平修復。

5. 選用耐抓、好清潔的地板

太光滑的地板對貓咪來說沒有抓地力，反而造成牠們行走時的困難，想要好清潔，又讓貓咪行動自如，超耐磨地板和PVC塑膠地板是可以考慮的選擇。超耐磨地板非常耐刮，經得住貓咪的抓痕，清理上也很容易。另外，若是貓咪會亂尿尿，建議使用拋光石英磚等易清理的材質，或是無接縫的地板像是優的鋼石等，但不要選擇實木地板、PVC地磚等，容易在接合的縫隙殘留味道。

攝影－葉勇宏　空間設計－MOMOCAT揉揉貓

攝影－Amily　空間設計－拓樸本然空間設計

6. 板材做好收邊和止滑

若是貓咪有噴尿或是上廁所的習慣不佳，需時常清理的情況下，不論是貓咪使用的踏階或是櫃體，建議選擇像是美耐板這種好清理的材質。除了利用防水板材，同樣要注意貓咪會接觸到的板材切割面收邊，並且盡量避免過於尖銳的設計，比較不會卡毛，也保護貓咪們鑽進鑽出時不受傷。

7. 電線和窗簾繩需妥善藏好

貓咪天生對於長條繩類的物品很感興趣，若貓房或貓櫃當中會放置電動飲水器、電扇，或有裝設窗簾，則要注意窗簾拉繩一定要收好，不要垂落到地面，以免小貓不小心被窗簾繩絞住窒息，或是改以窗簾拉棒取代降低事故發生的機率。另外電線則可以利用「捲式結束帶」來收整，保護電線不被咬壞。

攝影—Amily 空間設計—木境設計JMID

圖片提供—爾聲空間設計

8. 搭配玻璃門片好清理

在考慮貓咪活動與清掃問題之下，建議屏除難清掃的格柵，與不耐久的壓克力，採用較好清理與耐久的玻璃門片。而玻璃材質大量引導外部陽光，不僅天然殺菌，也讓貓咪充分吸收日光的照撫。同時建議可採用雙開門的設計，門片可全開的情況下，內部髒污便能無所遁形。另外，層板、櫃面的接縫處可打上打矽利康，不讓貓毛灰塵卡入。

9. 貓櫃尺寸至少90公分寬，深度60公分以上

一般貓櫃多為跳台+貓砂櫃的複合設計，整體高度建議在180～220公分，深度60公分左右，這是一般成人伸手即可清理的高度和深度。下方的貓砂櫃則是需要45～50公分高，貓咪上廁所時才不會撞到頭。整體寬度則需考量容納的貓咪數量，若是一隻貓，建議90公分寬左右，若是有兩隻貓，貓櫃寬度則再加大至120～150公分，與一般衣帽間差不多。

10. 貓櫃內部建議以S型動線設計

空間有限的貓櫃中，試著為貓咪想想，從貓砂區的出入到踏階的設計都需注意尺寸是否會對貓咪過於狹隘。從貓砂區往上跳入踏階區時，出入口的上方應留出至少30公分的高度，避免跳進跳出時會撞到踏階。另外，踏階的配置應採取左右交錯，形成S型的動線，貓咪才能有跳躍的空間。

11. 貓砂櫃的尺寸至少需超過55公分深、50公分高

一般市面上的貓砂盆尺寸約在30×40公分左右，因此貓砂櫃的設計建議不要做得太剛好，放入貓砂盆後，前後需留有5～10公分間隔為佳。這是因為每隻貓上廁所的習慣都不同，若是做得太剛好，有時貓咪會不喜歡上廁所。因此貓砂櫃的外尺寸深度最好為60公分，內尺寸深度約55公分（扣掉前後層板的寬度），高度為50公分，以不頂到頭頂的尺寸為佳。

圖片提供－爾聲空間設計

攝影－黃寬宏　空間設計－MOMOCAT摸摸貓

12. 貓砂盆的入口需離地約10～15公分

一般的貓砂盆都有一定的高度，約在10～15公分左右。所以若從外部進入貓砂櫃時，開洞的位置需要離地約15公分。另外，洞口的直徑也不能太小，約需15公分。因此洞口開得太小、太低，貓咪進出都會受阻。若貼地開洞的話，建議拉高到25公分最好。

13. 貓砂櫃門片收入櫃框

規劃貓砂櫃時，切記要把門片「收」在櫃框內，而不是「蓋」在櫃框上，否則貓砂顆粒會容易從門片和櫃子底板之間的縫隙掉出來，造成居家清潔的困擾。門片五金採用可180度開啟的鉸鍊，即使打開門片也不會阻礙走道。櫃子內部裝設的鉸鍊等五金，也容易被貓尿鏽蝕，因此建議可將鉸鍊做在外層。有些設計還會為貓砂盆做抽屜，原意是想抽拉方便，但實際使用後會發現抽屜滑輪容易卡貓砂，反而很難清，又容易損傷滑輪。

攝影－葉勇宏　空間設計－MOMOCAT摸摸貓

攝影－葉勇宏　空間設計－MOMOCAT摸摸貓

14. 加裝輪子好移動，但需注意穩定性

若想在貓櫃地板下方加裝好移動的輪子，則需要注意整體的穩定性。一般建議深度較深的方櫃使用比較合適；若是淺櫃，因櫃體的面寬通常較寬，加裝輪子容易造成不穩的情形。如果因應使用考量非做不可，可以選擇方向固定的直輪，並且櫃體四周需有壁面加以穩定，以確保貓咪使用時的安全。

15. 貓櫃底座要墊高

貓櫃下方底板一定要離地，可以利用防水墊片、腳架、輪子等進行墊高，以防貓咪若有嘔吐、噴尿或上廁所習慣不佳的情形，水分滲入底板無法蒸發，導致板材泡水損毀或底板五金鏽蝕等問題。尤其當家中不只有一隻貓咪，易有撒尿做記號、爭搶地盤的情形，更容易發生類似情形。

CASE 1

串聯上下樓層，
貓咪可以隨興玩樂的遊樂場

HOME DATA　**坪數** 28坪　**格局** 玄關、客廳、餐廳、廚房、主臥、貓房　**居家成員** 夫妻、3隻貓

郭先生和郭太太夫妻倆是標準的貓奴，養貓像養小孩的兩人，希望打造出一個適合貓咪生活的空間，因此找來設計師，將老舊的房子進行翻新，完成一個不只是貓咪，就連他們住起來都舒適的理想住家。

文－王玉瑤　空間設計暨圖片提供－裏心空間設計

會想到要重新整修幾十年的老房子，郭先生和郭太太表示完全是為了家裡的三隻貓咪。一般人對貓咪的印象大多是活動力不強，不需要很大的空間，但夫妻倆卻認為，貓咪和人一樣，不只應該生活在寬闊、可自由活動的環境，最好也要有可以享受獨處的角落，因此為了創造出可以讓三隻愛貓舒適生活的空間，兩人於是決定將家裡幾十年的老房子重新裝潢、整修。

暗藏巧妙設計的簡約貓房

屋主一開始便希望以「貓咪舒適生活」作為設計主軸，因此針對老屋過於狹長，造成空間侷促與通風不佳，進而無法讓貓咪住得舒適與自由活動的問題，設計師以開放式空間規劃做解決，選擇拿掉一樓所有隔牆，替狹長型空間製造開闊感，並藉由隔牆的拆除，通風問題進而獲得改善，也讓進入空間深處的光線化解原來的陰暗採光，貓咪在室內也能曬到太陽。

一切設計皆以家裡的三隻貓為主，屋主當然也為他們準備了一間專屬貓房，不過過去二樓因為一樓的挑高設計，可利用的坪數只有一樓的一半，為了擴展使用空間，設計師將原來挑高處重新封板，並規劃為兼具主臥與書房的複合空間，而原來的房間則順理成章作為貓房。

為了因應未來空間的再利用，貓房設計盡量簡單不過度複雜，主要利用藍色牆面帶出活潑感，採用觸感舒適的杉木作為主材質，並以階梯、跳台、貓道構成貓房主牆設計，顧及貓咪跳上跳下的安全性，同時巧妙形成一些隱蔽角落，讓貓咪們可以自由找出一個最能放鬆窩著的專屬位置。

製造樂趣的動線設計

狹長空間選擇以開放式空間做規劃，營造開闊感，也增加貓咪更多活動空間，牆上並將木製貓跳台和鋁製風管做結合，創造出有趣、多樣化的垂直行走動線。

貓咪
設計
解　析

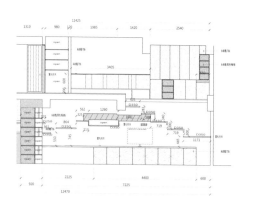

🐾 **貓屋背牆** 283×240公分（寬×長）
🐾 **踏階尺寸** 35×40公分（寬×長）
🐾 **建材** 杉木

貓道設計 / 預留可迴旋的寬度

貓跳台寬一點雖然更方便貓咪行走，但仍需考量居
住者的空間視感，因此跳台深度做至約30～40公
分，不影響空間感的同時，也預留足以讓貓咪迴旋
的舒適尺度。

貓道設計 / 雙動線的上下設計

考量貓咪走在貓道時大多不會後退,因此設計出可從大門口上
去到書牆下去的路徑。同樣的,也可從書牆進入,務必規劃出
一條路徑可雙邊進入,體貼貓咪的習性,另一方面也可避免家
中三隻貓咪在貓道上塞車。

貓道設計 / 加強結構增加承載量

由於貓道長度較長，因此在末端與中間位置增加支撐結構，藉此可加強貓道承受力，就算貓咪跳上跳下瞬間加重力道，也不用擔心貓道有斷裂問題。

貓房設計 / 各據一角的閒適貓窩

以階梯、跳台及貓道構成貓房主要設計，動線上刻意高高低低，創造貓咪走跳的新鮮感。同時也運用箱型空間，製造出可讓貓咪安心窩著的角落。

貓道設計 / 串聯 1、2 樓的貓咪專用通道

一樓牆面的跳台設計，同時也是可以從一樓通往二樓的貓道設計。從二樓出來的開口規劃在極具隱密性的臥榻下方，對應貓咪喜歡躲藏的習性。

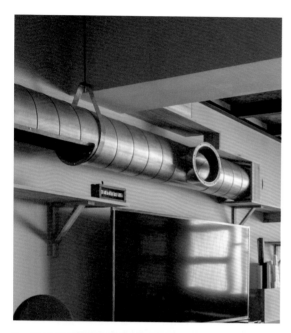

安全防護 / 開口加工確保安全性

由於鋁製風管為金屬材質，因此在開口處，設計師特別反折收邊，確保四邊切口不會因為過於銳利，而傷到在裡面走動、玩耍的貓咪。

安全防護 / 落地紗窗卡住溝槽，防止墜落危險

書房的窗戶是貓咪們最愛的觀賞區，為了防止貓咪開窗發生墜落危險，將紗窗卡在溝槽，讓窗戶只能開一邊。

貓窩設計 / 隱密小洞成為最佳躲藏地點

樓梯下方刻意挖出小洞,是原先用來置放貓砂盆的空間。但實際使用發現貓咪較少進出,如今便成為貓咪最佳的躲藏處。

安全防護 / 可自由進出的貓洞

少見的以橫拉設計的貓門,一方面當主人不想讓貓咪進來時,可防止他們打開門,另一方面也解決可能會因為門片過重,讓貓咪無法推開門片或者卡在中間的窘境。

CASE 2

各據一方，
可自由穿梭的毛小孩部屋

HOME DATA **坪數** 22坪　**格局** 玄關、客廳、餐廳、廚房、貓房、主臥、客房、衛浴、儲藏室　**居家成員** 夫妻、小孩、2隻貓

Elena夫妻有著可愛的孩子與兩隻愛貓，在設計新家時，屋主認真將貓咪的特性與習慣與設計師討論，並畫上簡圖示意，希望能打造與毛小孩的幸福居家。

文－張景威　攝影－Amily　空間設計暨部分圖片提供－蟲點子創意設計

這間22坪的老屋原始屋況包滿了泛黃的壁紙以及木作,原本就不寬闊的空間,顯得更加沉重與陰暗。因此設計師在重新規劃時,盡量開放公共空間,將原本的廚房牆面拆除,利用吧檯結合餐桌椅與沙發,並將原有入口旁邊的餐廳作為儲藏收納空間。

而屋主Elena在舊家即有養兩隻貓,因為貓咪個性活潑,所以外出時都會將貓咪關在貓籠裡,但在新家設計時,則更希望能專門為毛小孩規劃出專屬的貓房空間。因為原本室內空間就不甚寬闊,因此設計師將貓房與儲藏空間整合,並以不同面向的門片滿足所有的需求。

貓房設在必經動線,融入居家不孤單

旋開大門進入室內,為了避免直接穿透,玄關處延伸鞋櫃,搭接一座騰空木作平台,成為進出的穿鞋區,而這個緩衝區也放置食物與貓抓板,讓貓咪能夠恣意遊走其中。在方正的優質格局下,破除封閉廚房,並與客、餐廳串聯,公領域更顯寬敞遼闊。

靠近餐桌區的轉角處,設計師依照屋主的想像打造一處木作貓房,也因為貓屋的概念就像設計一座夾層屋一般,在動線的規劃上必須很了解貓咪的習性,因此Elena認真地將家裡兩隻貓的特性與習性畫出簡圖,並交由設計師完整規劃,讓貓咪能夠盡情在空間裡嬉戲,又不影響屋主的生活動線。而傢具選用上,屋主也是十分擔心貓咪的爪功破壞,但訂製的貓抓布沙發款式又不能滿足喜好,因此喜歡無印風格的Elena特地到無印良品的門市詢問是否有貓咪不太會破壞的沙發,也幸運找到合適又喜愛的款式,讓家中風格更為一致。

拆除隔間，整合公共領域
破除餐廚隔間，與客廳串聯，留出寬敞的生
活空間，讓毛小孩可以自由奔跑跳躍。

貓咪設計

解析

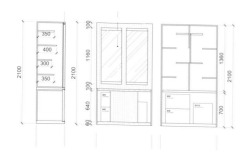

🐾 **貓櫃** 長120公分、高210公分、深60公分
🐾 **踏階尺寸** 寬30～40公分
🐾 **建材** 木紋美耐板

貓砂櫃設計／讓貓咪躲起來大小便

外出的時候，為了避免兩隻貓在家裡搗蛋，因此會將貓咪鎖在貓櫃之中，雖然家中有陽台，但因空間狹小不適合擺放貓砂盆，因此於貓櫃右邊挖洞，下方擺設貓砂盆，左邊則收納貓咪用品。

貓房設計 / 多用途思考的收納貓房

有別於一般貓櫃做大面玻璃窗的設計，
這裡則是與側邊的儲藏室做整合，猛一
看有如收納櫃一般，將來如果貓咪住所
有其他考量，也可轉換為收納空間。

通風循環 / 格柵設計維持良好的空氣流通

貓房內的層板考慮到貓咪的尺寸，在貓房中也能
自由自在地跳躍、玩耍，而主人外出可能需長時
間將貓咪關在貓房中，因此門片的格柵與通風設
計也達到良好的空氣交流。

貓房設計 / 中央隔板可隨時移動，保有貓咪獨立或開
放空間

因為兩隻貓咪有時候會小鬥嘴，為了讓兩隻貓咪
保有獨處空間，特地將貓房中間做抽拉開合設
計，可自由調整，讓貓咪擁有「個人房」。

飲食設計 / 特屬飲食空間，培養進食好習慣

入口玄關為了避免直接穿透，設計了可掛外套的櫃子區隔，並於中間設計層板，平時可做穿鞋椅，而後方的緩衝區則放置食物與水盆，讓貓咪能夠自由於此進食。而客廳的沙發則是特地到無印良品門是挑選不易被貓抓壞的材質。

材質挑選 / 嚴選貓抓板，防護木作傢俱

因為室內大多是木作傢俱，為了不讓貓咪到處亂抓，因此選購了貓抓板，在這裡也提醒大家，因為貓的磨爪行為一部分是為了展示自身的威嚴，因此可將貓抓板放在顯眼處，並選擇易抓款式。

CASE 3

打造專屬臥寢，
充滿溫馨與體貼心意的貓房設計

HOME DATA　坪數 70坪　**格局** 玄關、貓屋、孝親房、客廳、餐廳、廚房、主臥、男孩房、女孩房、衛浴×4　**居家成員** 長輩、夫妻、一男一女、3隻貓

屋主夫妻喜歡樸實簡單的生活，特別偏好帶有自然元素的鄉村風，因此希望將這樣的風格帶進居家空間，藉此打造出一個和三隻貓咪開心生活的家。

文－王玉瑤　空間設計暨圖片提供－達圓空間設計

這是一棟約七十坪的透天厝,由於空間相當充裕,因此擁有三隻貓的屋主,理所當然地為自己的愛貓們打造了一間專屬他們居住的貓房,讓活動力強的貓咪們平時在整棟房子到處玩耍,但到了睡覺時間,也能有一個專門睡覺的溫暖小窩。

充滿細膩設計的溫暖貓窩

考量到位於一樓的孝親房,居住的長輩們比較需要安靜的空間,因此將同樣也在一樓的貓房特意設定在有自然採光的前院,藉此可確保孝親房的寧靜需求;且臨近樓梯的貓房,也方便貓咪們可以爬上樓梯直接上到平時主要活動區域的2、3樓。

整體空間以鄉村風為定調,因此使用了大量復古磚,雖然磁磚在清潔上很便利,但對貓咪們來說太過於冰冷堅硬,所以貓房以較為自然又觸感溫潤的木貼皮作為主要材質,而且為了避免空間的封閉狹隘感,採用清玻作為門片,營造通透效果,也方便屋主查看。至於專為貓咪們規劃的睡眠區與跳台區,則以傾斜角度做連結,讓貓咪可以輕鬆移動。

一般大多會將便盆也全部規劃在貓房裡,而通風與清潔問題就是最需特別加強的地方,因此玻璃門片刻意不做到頂,如此便可留出適當開口,確保貓房裡的空氣能順暢流通,為了保有隱蔽性與美觀,貓砂盆被收在櫃子最下方,採用活動開門設計並規劃在貓房外,這樣可讓屋主不用進到貓房,就能輕鬆清理貓盆。

靈活變化的自由空間

採用可收起來的格子門片區隔客廳、餐廳、廚房，門片收起來時，便是一個開闊的大空間。若是需要
獨立空間或者想阻止貓咪們進到廚房，只要拉出門片，便可輕鬆阻隔，而玻璃格子窗的設計，又不至
於阻礙兩個空間的互動關係。另外，拉門上方增設層板，讓貓咪可沿沙發背牆的跳台走動。

貓咪設計
解 析

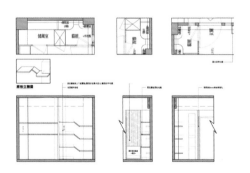

🐾 **踏階尺寸** 80×45公分（寬×長）
🐾 **建材** 木貼皮、清玻

貓房設計 / 量身訂製的貓窩

利用木素材營造貓房溫馨感,也讓貓咪有更為舒適的觸
感。另外以圓潤的線條,型塑出結合跳台與睡眠區的設
計,三層的設計讓每隻貓都有自己專屬的貓窩。

材質挑選 / 柔軟材質增添舒適性

為了避免貓咪在跳落地面時受到衝擊受傷，因此選擇採用溫潤的木地板，並另外在貓咪睡眠區嵌入地毯，藉此增加柔軟觸感。

跳台設計 / 跳台設計融入牆面

在沙發背牆的貓跳台一路可延伸走到餐廳拉門上，設計師採用與鄉村風調性一致的木素材，讓跳台設計自然融入整體空間設計，而不會讓人覺得過於突兀。

跳台設計 / 是書架也是貓跳台

平時貓咪最喜歡跟著主人，因此將書房的書牆部分層板凸出，並延伸出一個梯階，讓貓咪可以跳上跳下，陪著主人一起在書房裡工作、玩耍。

安全防護 / 層板厚度增加安全性

為了防止貓咪在層板上做跳躍動作，因此層板選擇2～3cm的厚度且為固定式，完全不用擔心跳躍時有斷裂的疑慮。

CASE 4

一貓一房的專屬設計，
講究透氣設備、防水材質

HOME DATA 　**坪數** 19坪　**格局** 玄關、客廳、餐廳、廚房、主臥、衛浴　**居家成員** 夫妻、2隻貓

從事平面設計的Tyler和Cindy，兩人平時喜愛看電影、手作烘焙，有愛心的兩人更領養了cooper和卡布兩隻貓咪，希望能給牠們一個自在生活的居住環境。

文－許嘉芬　空間設計暨圖片提供－甘納空間設計

這間視野採光極佳的19坪居家，除了要考量屋主夫妻倆的需求之外，還得兼顧兩隻愛貓cooper和卡布的玩樂與居住規劃，甚至屋主更提出希望未來若有新成員也能彈性增加一房。於是，甘納空間設計決定先以對稱落地窗的中間作為電視主牆，如此一來可保留充沛採光，加上通透開放的動線規劃，創造出開闊大器的空間感。一方面將玄關至客廳的牆面透過收納櫃體整合的方式，衍生出第二個預留的電視牆，當書房增加隔間變成臥房之後，客廳便能合理轉向滿足機能。

從習性、身型量身打造的獨立貓房

至於cooper和卡布兩隻愛貓的玩樂居住空間，更是一點也不馬虎，有鑑於cooper平時有以大欺小的習性，因此兩貓獨享一貓一房的豪華獨立設計，順勢沿著廚具規劃兩間貓房，裡頭備有齊全的貓砂盆、飲水機設備，櫃體底下則是可收納飼料、貓砂。除此之外，cooper因體型關係較難輕巧跳躍，貓跳台也從原本的一字平台變更成具有斜坡、如樹枝狀的階梯，讓cooper可輕鬆地上下。看似區隔的貓房，其實中間櫃體也預留小門保有互通的可能，貓房門片則是特別採用折疊門形式，屋主外出上班或睡覺時才選擇關起，平常就能完全開啟收在兩側，讓貓咪自由走動。而為了怕貓房過於封閉，設計師也在側面開設透氣孔，搭配全熱交換器的使用，讓貓房隨時都有新鮮空氣可循環。

作為調和白色、黑色的特殊藍色櫃體主牆，除了實質的收納功能之外，也刻意加入美耐板創造貓咪跳台，電視牆上方也保留三格櫃子，讓cooper和卡布可自由上下穿梭其間，最頂端則設計如斜坡般的走道，提供貓咪多元走動的玩樂形式。

讓貓咪自在玩樂的開放大廳區
開放通透的公共廳區，是貓咪們最主要的活動空間，
不僅有獨立的貓房設計，電視牆、書櫃更規劃貓道與
貓跳台設計，讓貓咪們擁有舒適的生活環境。

貓咪設計
解析

貓房設計 / 透氣孔+全熱交換器，貓房不怕悶

考量cooper有以大欺小的問題，不適合和卡布同住一個屋簷下，緊鄰廚房的貓房採取二個各自獨立的櫃體設計，然而在中間仍預留小門可互通，右側立面更開設透氣格柵，搭配全熱交換器的使用，讓貓房持續有新鮮空氣可以對流。

貓房設計 / 防水耐刮材質延長貓房壽命

由於貓咪們平常喜歡去玩飲水機，因此貓房最底部特別選用防水又耐刮的人造石鋪設，其它如踏階、貓房兩側則是選擇耐潮發泡板、同樣耐刮的美耐板。

- 🐾 **貓屋** 寬195公分、高184公分
- 🐾 **踏階尺寸** 27.5×47公分（寬×長）
- 🐾 **建材** 人造石、發泡板、美耐板

貓道設計 / 可任意穿梭的貓咪隧道

玄關至客廳的主牆不僅僅是整合了鞋櫃、儲物需求，更加入貓跳台的設計概念，並在最上層的跳台以及第二層櫃體側邊開洞，讓貓咪們有不同的玩樂穿梭動線，白色跳台同樣選用美耐板材質，耐刮耐磨、避免抓出爪痕。

跳台設計 / 延伸櫃體層架變出貓跳台

緊鄰客廳的開放書房，在以收納為主的書櫃兩側末端加長，順勢形成貓跳台，給予貓咪更多的玩樂空間，靠近窗邊的角落則是預留現成貓跳台的放置使用。

CASE 5

迎向美好日光，
專為喵星人打造的探險樂園

HOME DATA **坪數** 26坪 **格局** 客廳、餐廳、廚房、書房、主臥、客房、貓房 **居家成員** 情侶、3隻貓

翁小姐與其男友因為深愛著所養的三隻貓，因此希望在新屋設計時以貓咪為主體，設計成愛貓的探索樂園。

文－張景威 空間設計暨圖片提供－得格集聚室內裝修設計

翁小姐深愛著所養的三隻貓，因此在搬入新家之時，找上得格集聚室內裝修設計的謝設計師，希望能以貓咪為主體，將新家設計成愛貓的探索樂園。

一走進室內，北歐風格設計巧思處處可見，天花柔和的粉膚色搭配運用馬來漆的客廳牆面展現空間的立體層次，而開放的客餐廳設計令視野更加寬闊，家中三貓的活動也更無阻礙，可伸縮至六人的餐桌則滿足家裡來客時的需求。此外，翁小姐提到因為外出後擔心傢具被破壞，但又不忍心將愛貓關到籠子裡，因此貓房的設計思考因應而生。

無微不至的貓咪設計

在明亮舒適貓房中，設計師整合屋主對家中三隻貓咪的觀察，沿牆面設計貓跳板、可躲藏的貓盒與可攀爬的貓桿，並選用大面窗設計，滿足貓咪喜愛居高臨下與愛看窗外風景的樂趣。而因為飼主其中一隻貓十分內向，上廁所不願意被其他人和貓觀看，設計師特地將貓砂盆藏在窗邊下的櫃子裡，滿足內向貓咪的需求。

而走到客廳，屋主希望能和愛貓們和樂共處，在電視牆上方局部以玻璃點綴，趴在層板上的貓咪能望進主臥，隨時掌握主人與空間的動態，走至尾端還能躲進貓隧道中和主人抓迷藏，而旁邊醒目的鮮黃色樹狀貓跳台，不僅為空間增添氣氛，也是貫通上下的趣味貓道。設計師甚至還考慮到寶貝們的用品繁多，利用臥房矮櫃的一半空間，拖曳而成玄關的收藏抽屜，主要用來收納寵物背帶與各式的貓咪物品。這樣一個處處為愛貓思考的環境，讓這三隻貓一入住後就愛上，儼然成為貓咪的樂園。

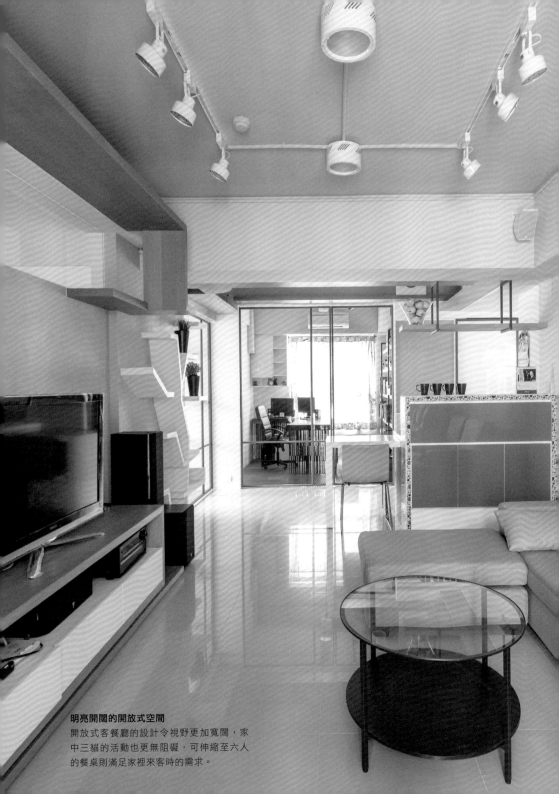

明亮開闊的開放式空間
開放式客餐廳的設計令視野更加寬闊，家
中三貓的活動也更無阻礙，可伸縮至六人
的餐桌則滿足家裡來客時的需求。

貓咪設計解析

🐾 **貓房** 空間深度約265公分、高約220公分

🐾 **踏階尺寸** 長度有25、46、49公分不等；踏階的上下間距約在40公分。

🐾 **貓箱尺寸** 長寬約在32～45公分上下的立方體，圓洞直徑有14、20公分兩種尺寸。

🐾 **建材** 美耐板

趣味設計 / 從貓咪視野深入了解實際需求

從貓咪的視野角度來進行設計，妥善配置跳台與跳台之間的距離，讓貓咪在內部玩耍時也充滿探險樂趣。

貓房設計 / 多功能設計，滿足貓咪生活需求

考慮到外出時，貓咪可能會造成傢具的破壞，但又不忍心將貓關至貓籠，因此特別隔出一間房間作為貓房使用。沿牆面設計貓跳板、可躲藏的貓箱與可攀爬的貓桿，並選用大面窗設計，滿足貓咪喜愛居高臨下與愛看窗外風景的樂趣。

貓砂櫃設計 / 量身訂作的貓廁設計
飼養的其中一隻貓因為較為內向，不喜
歡如廁時被人或其他同類觀看，因此
設計師將窗下的空間設計矮櫃放置貓砂
盆，滿足內向貓咪的需求。

貓道設計 / 玻璃打造無死角視野

為了讓視野沒有死角，電視牆上方局部以玻璃點綴，趴在層板上的貓咪能望進主臥室，隨時掌握主人與空間的動態。

跳台設計 / 鮮黃跳台滿足運動量

鮮黃色樹狀貓跳台，不僅為空間增添氣氛，也是貫通上下、能讓貓咪擁有充足運動量的設計。

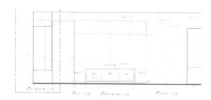

🐾 **踏階尺寸** 貓踏階離天花的距離約32公分高。經過樑下的踏階，與樑體距離約20公分高。深度約有25、54公分兩種尺寸。

🐾 **建材** 美耐板

貓道設計 / 貓隧道滿足安全感
位於電視牆上方可以鑽孔的貓隧道，讓貓咪十分享受在裡面鑽來鑽去的樂趣，這個隧道可以從洞中偷看主人與夥伴的動靜，讓貓咪充滿安全感。

收納設計 / 適宜的踏階設計
設計師考慮到三隻貓寶貝們的用品繁多，利用臥房矮櫃的一半空間，以拉抽的方式由玄關處開啟，主要可用來收納寵物背帶與各式的貓咪物品。

CASE 6

VIP遊戲貓房的工業居家

HOME DATA **坪數** 42坪 **格局** 玄關、客廳、餐廳、廚房、書房、主臥、更衣室、客房、衛浴x2、貓屋 **居家成員** 夫妻、2隻貓

王先生與王太太在新婚之際，帶著兩隻愛貓搬到重新整修的舊家，設計師依照屋主對於生活的嚮往與兩隻毛小孩的需求打造出獨一無二的工業家居。

文－張景威 空間設計暨圖片提供－浩室空間設計

歷經三十多年春秋輪轉、時序褪色的老宅，在王先生與太太新婚之際，找來浩室空間設計重新改造，設計師依照建築原始條件型塑出工業風格住宅，調整原先因樓梯位置而顯得狹窄陰暗的客廳，延攬日光入內令全室透亮，並藉以單品燈具與傢飾的點綴，使工業風格更顯突出，而在替老宅重塑新樣貌的同時，也考慮到家中的兩隻毛小孩的需求，設置專屬的「毛小孩房」。

打造喵星人的專屬「小孩房」

當一走入客廳，眼簾即被橘紅磚牆吸引目光，設計師將不需要的隔間移除，開放式客餐廳透過大面百葉窗門引入採光，打造室內明亮的視覺氛圍，電視牆採以芥末綠鋪底，與紅磚形成色調對比，相映成趣。而電視牆下方藏有貓咪的祕密通道，可直接通往玻璃門後的貓房，門片刻意導成斜角造型，增添立面的設計層次。貓房中嵌以高低交錯的貓跳板與可躲藏的貓箱，令兩隻有點怕生的愛貓可在其中恣意玩耍，下方則放置貓砂盆，上方裝有通風設施，減少異味產生。

訂製沙發選用不易被破壞的貓抓布料，而百葉窗邊具有律動層次的貓跳台延伸而上，結合貓咪最好奇的戶外景致，成為家中兩隻毛小孩最愛的駐足之地，而原本沙發上方的結構樑，也幻化成貓咪的空中步道，家中每一處都有著為喵星人設想的足跡。

餐廳不做天花，維持原有高度
為避免壓縮到空間高度，餐廳刻意不做天花，以明管拉線，展現粗獷氛圍。同時餐廳與玄關之間以拉門區隔，讓光線得以透入，不顯陰暗。

挑高明亮的工業風家居
客餐廳無隔間的開放設計，並調整原先因樓梯位置而顯得狹窄陰暗的客廳，延攬日光入內令全室透亮，與鏤空式階梯使生活尺度更加寬闊。

貓咪設計解析

貓屋背牆 寬110公分，長350公分
踏階尺寸 寬20公分，長30公分
建材 木紋美耐板

貓房設計 / 寬敞空間令毛小孩恣意玩耍

電視牆的貓房可經由玻璃門進出，門片使用導斜角造型，增添住宅立面的設計層次。而貓房之中設置高低交錯的貓跳板與可躲藏的貓箱，兩隻愛貓可在其中恣意玩耍，主人不在時也不用擔心。

傢具挑選 / 訂製專屬沙發，杜絕貓咪爪功

磨爪是貓咪的天性，牠們需要磨利前爪來獵捕食物，並利用磨爪的痕跡來展示自己的權威，因此在傢具選擇時，特別選用「貓抓布」的訂製沙發，避免貓咪的破壞。

貓道設計 / 結合貓跳台、窗景與結構樑，打造喵星人的最愛場所

窗邊的貓跳台延伸而上，貓咪可隨時窺探戶外景致，成為家中兩隻愛貓最愛的停留之處。而原本沙發上方的結構樑也沿著層板，幻化成貓咪的空中步道。

貓門設計 / 雙入口設計自由進出

貓房除了可由玻璃門出入，在階梯下方也設有貓道，讓貓咪可自由進出。雙入口的設計，可避免屋主須隨時起身幫毛小孩開門的情況。

·

CAT'S STEP SHELVES & DOOR

貓 走 道 & 貓 門

空間中經常可見運用層板、鐵件等元素，設計出讓貓咪能夠在空間上方來去自如的步道。設計時需考慮動線、尺度和材質，是否會走到一半在半路卡關或是撞到；同時需適時做出隱蔽

圖片提供－丰墨設計

1. 走道位置宜避開餐廚區

設在牆面的貓走道雖然不會佔據太大空間，但設置的位置相當重要，建議設計在客廳、書房等公共區，不但能和主人互動，也能隨時讓貓咪觀察家庭成員的行動。若是設在餐廳或廚房，腳掌中的貓砂或是貓毛就有可能會掉落在飯菜中，甚至有些好奇心重的貓咪會靠近廚房爐火，而有安全的疑慮。

的角落以供貓咪躲藏，卻又能讓飼主抓得到。另外，相信大家都有被貓咪召喚開門的經驗，而特別想在門上安裝貓門，然而貓門開啟的方式、位置和高度，也是有一番學問，必須用對材質、做對尺寸，否則貓咪可會避而不用的。

專業諮詢－裏心空間設計、MOMOCAT摸摸貓

攝影－Amily　空間設計－凱翔室內空間設計

攝影－Amily　空間設計－墨相空間設計

2. 有始有終的雙動線設計

一旦踏上貓走道，貓咪通常會一路向前不懂得轉彎，除了加寬層板讓貓咪有轉身的餘欲外，最重要的就是設計有上有下的雙入口動線。另外，若空間的水平寬度不夠，無法設計雙動線時，建議設定一個轉角，讓貓咪可以迴轉，而轉角處和終點的踏階深度則應該要在30～35公分左右才夠。

3. 單一貓箱最少需有60公分寬、40公分高、30公分深

貓咪坐下時，屁股佔用面積大約為30×30公分，高度約40公分，趴下時的長度約60公分，因此若想在貓道上設計一個隱蔽的躲藏空間或是貓箱時，建議設計尺寸應以60公分寬、40公分高、30公分深為基準，再依照貓咪體型、貓口和家中可容納的區域來調整。

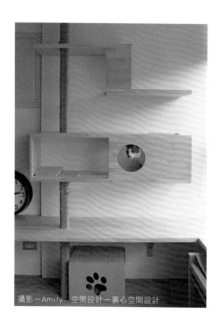

攝影－Amily　空間設計－裏心空間設計

攝影－Amily　空間設計－SKY拾雅客室內設計

4. 踏階的垂直間距30～40公
分，水平間距約20公分

一般來說，為了考慮貓咪老年後的
活動力和跳躍力下降，踏階之間的
高度建議約30～40公分，水平間距
約抓20公分，即使是老年貓，這樣
的距離走起來最舒適。另外，踏階
長度最短約可做30公分，深度約為
23～25公分，若是想讓貓可以趴下
休息，深度需達30公分以上、長度
約50公分為佳。

5. 踏階不重疊面積須30×30cm

現在貓咪體型比較大隻，身長多達
40～50cm，坐姿約30cm，若要做
貓踏階、貓跳台設計，須注意在貓
咪移動的動線上，每一個平台由
上往下看的不可重疊面積至少需有
30×30cm，若踏板面積過小，貓
咪移動時的角度就會過直，較難使
用。如果是希望貓咪可以或坐或躺
的休息空間，則建議60×60cm比較
足夠。

攝影－葉勇宏　空間設計－MOMOCAT摸摸貓　　攝影－葉勇宏　空間設計－MOMOCAT摸摸貓

6. 貓洞尺寸直徑15～25cm為佳

一般要讓貓咪容易使用的貓洞尺寸建議為直徑15～20cm（以20cm為佳），但若結合上下動線、有斜度的話，如：貓踏板、貓跳台、多層貓櫃等，建議直徑達25cm以上，讓牠們能以較和緩的弧度動線上下。

圖片提供－甘納空間設計

攝影－Amily 空間設計－凱翊室內空間設計

7. 封閉式通道需分段加設開口

封閉式的貓通道最需要思考的是清理問題，要是遇到貓咪亂撒尿或者嘔吐時更是頭痛，因此在設計封閉通道時，一定要每隔一段距離設置開口，方便清理的同時，萬一貓咪躲藏時，飼主也能夠抓得到貓咪。建議最佳的距離約在45公分左右，伸手即可觸摸和清潔，才能保持貓通道和環境的衛生。

8. 在櫃子或門片設計貓洞

若想讓櫃子成為貓咪們玩耍的地方，可在門窗或牆面加開貓洞，引導貓咪到自己的活動範圍。開貓洞別忘了量貓咪的腰圍，免得太胖的貓咪進出困難

攝影－Amily　空間設計－裏心空間設計　攝影－Amily　空間設計－裏心空間設計

9. 削薄貓門厚度，減輕重量

貓門的材質應選用輕巧好推的材質，像是壓克力、塑膠門片等，市面上現成的壓克力貓門就很好用了。若是貓門材質為實木，則必須減輕厚度，讓貓門的重量變輕，否則貓咪走到一半，門片就降下，容易夾到尾巴，貓咪也會有陰影而不想使用。若想避免夾到尾巴，門片可改為左右開啟的形式。

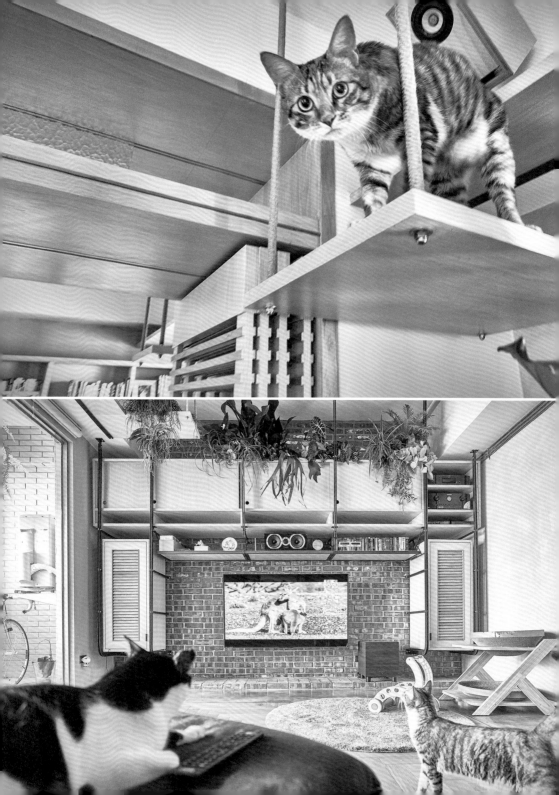

CASE 7

開放的動線規劃，
串聯3人7貓的無壓生活

HOME DATA　**坪數** 34坪　**格局** 客廳、書房、餐廳、廚房、主臥、小孩房、衛浴×2、陽台　**居家成員** 3人7貓

本身為流浪貓保護協會成員的陳太太，其實一開始並沒有養這麼多隻貓，但在幫助流浪貓咪中途寄養的過程中，情感的建立讓家庭成員不斷增加，加上最近新生命的誕生，成了3人7貓的超級大家庭。

文－劉亞涵　空間設計暨圖片提供－三倆三設計事務所

與7隻貓一起生活會是什麼樣子呢？其實就像兄弟姊妹之間吵架是家常便飯一樣，貓咪數量一多，也很容易發生爭吵或是把同伴逼到角落的情形，而貓咪一旦受到威脅或驚嚇，家中傢具也容易跟著遭殃，為了解決這項困擾，透過適當的動線引導，即可打造出完美無死角的脫逃動線。

回字型動線，無死角串聯家中各空間

為了創造充足的空間讓毛孩和小孩活動，設計團隊將這間30年老屋的隔間全數拆除重整，並將私領域集中於房屋一側，讓客廳、書房、廚房等公共區域，形成以浴廁為中心的完整開放場域，回字型的動線設計串聯家中各空間，即便貓咪在爭吵過程中被逼迫到角落，也可以迅速逃到另一個區域。最重要的是，這樣的格局規劃更有助於室內的空氣對流，避免多貓容易產生的異味問題。

在風格方面，由於夫妻兩人偏愛質樸清新的輕工業風格，遂以水泥材質構築空間基底，再以大量的木質櫃體、醒目的紅磚主牆及綠色植栽來溫潤整體空間的溫度與生命力，公共區域的地面則全面以水泥粉光處理，風格營造之餘更兼具清潔的實用性；考慮到貓咪對於垂直動線的需求，設計師在接近天花板處設置了相互連接的貓咪走道，開放式的收納櫃體與電視櫃則可隨時化身上下跑跳的貓踏階，讓貓咪們得以在各空間自在地穿梭、追逐，成為家中最生動有趣的熱鬧風景。

自然通透的3人7貓起居空間

紅磚、原木、綠意，構築出自然清新的輕工業空
間，透過減少隔間創造出適宜的動線路徑，同時
引入大量採光也間接創造良好通風，成為人和貓
咪都可以和諧相處的舒適好宅。

貓咪設計解析

貓洞設計 / **確保回字型動線無死角**

除了高處的貓道規劃，貼心的貓洞設計提供貓咪另一種
脫逃路徑，進一步讓上到下的居家動線皆無死角，小巧
可愛的外觀也為居家空間增添趣味。

貓道設計 / 保留櫃體上下空間，同時滿足人與貓的需求

公共區域中的所有櫃體幾乎都采不落地設計，避免遭遇貓咪「尿襲」
的機會，尤其是客廳的影音設備，透過百葉門片的櫃體，達到保護同
時亦不影響音響效果。此外，不置頂的櫃體設計，擁有置物機能之
餘，也是貓咪奔跑玩樂的跳台。

貓道設計 / 45公分貓道，滿足7隻貓的體型需求

為了家中每隻貓咪的使用安全，貓道寬度預留45公分左右，讓家中各尺寸的貓咪都可以放心走動，結合毛玻璃的半開放設計，方便清理亦讓貓咪能有休息、躲藏的空間。

貓門設計 / 保有隱私的貓門設計

主臥房門上特別規劃了只可出不可進的貓門設計，公私領域的劃分讓人貓不會影響彼此的生活作息，生活緊密但仍能保有各自的空間。

格局規劃 / **開放式廚房規劃確保貓咪活動動線**

開放式的中島廚房也是回字型動線的一環,搭配周邊的貓道及冰箱上方連結後陽台的圓形貓洞,確保貓咪前後暢通的活動路徑。

材質挑選 / 水泥粉光地面不怕貓咪的「偷襲」

7隻貓咪相處難免會有爭吵的時候，雖已確保了動線的暢通，
但難保貓咪的情緒與狀態。因此，公共區域地面全面以水泥粉
光處理，風格營造之餘更兼具清潔的實用性，再也不怕貓咪「
偷襲」。

材質挑選 / 運用麻繩結合設計，不怕貓咪抓壞傢具

貓咪除了走動跑跳的活動量外，刨抓也是很重要的日常發洩及更新爪子的動作，為了不讓傢具慘遭貓爪攻擊，設計師在貓咪較常聚集的書房區域，運用了不少麻繩的材質，其中由麻繩纏繞的柱子，不僅符合貓咪站立刨抓的習性，也是玩耍攀爬的路徑之一。

安全防護 / 加裝隱形鐵窗，讓貓咪安心曬太陽

由於夫妻倆希望能給予貓咪最大的活動自由，整個公共區域都是貓咪活動的範圍，包含陽台空間，因此在安全考量上，設計師特地加裝更為密集的隱形鐵窗，讓屋主得以放心讓愛貓們踏上陽台曬曬太陽、看看外頭風景。

CASE 8

自由跳躍奔跑，
貓咪家族歡喜生活的工業風新居

HOME DATA **坪數** 25坪（含陽台）　　**格局** 客廳、餐廳、廚房、書房、主臥、客房、衛浴×2　　**居家成員** 夫妻、4隻貓

余明瑋設計師，是于人空間設計的負責人，年輕又有想法，崇尚現代簡約的生活，本身對設計的要求也體現在住宅空間中，融合現代與工業風格，處處流露細緻且獨特的生活品味。

文－張景威　攝影－Amily　空間設計暨部分圖片提供－于人空間設計

這間25坪的新成屋，是于人空間設計負責人余明璋設計師與妻子新生活的起點，有著四隻貓咪家族（爸媽與兩隻小孩）的他們，在設計時即用盡心思，思考如何在有限的空間中滿足兩人與四隻毛孩的生活需求，又能兼具設計師無法屏棄的設計品味？一向擅長現代簡約風格的余設計師，因為愛妻偏好工業居家，因此將兩造結合，以輕工業作為新居的主要氛圍營造。而因有在家中工作的需求，沙發背牆後方規劃開放的書房空間，並以玻璃與可開闔百葉門片，令空間開闊並能靈活運用。

展示、收納、貓咪玩耍兼具的迷宮書牆

一進入大門，連接客廳與書房的大面落地窗陽光灑落滿室透亮，大門旁的迷宮書牆更是設計亮點，不僅能收納書籍、展示，更提供貓咪爬上爬下遊戲功能，層板單面貼上美耐板，不僅防抓耐磨也更好清潔；書牆旁的黑色鐵架則結合家中的工業風格，除了擺放物品，也是家中毛小孩的睡眠空間。而電視牆上的結構樑也被加以運用，富有雙重用途，能支撐結構之外，也是貓咪玩耍的空中步道。

因為設計師有在家中工作的需求，沙發背牆後設置工作區域，並以玻璃隔間令狹小的客廳顯得寬闊，而百葉折門則可彈性使用，也令只裝設於客廳的冷氣能通透全室，省電又環保。而沙發因為貓抓布的選項不多，余設計師挑選即使被貓咪抓也不易發現的灰白色織布，更完整家中設計意象。

斜面木牆成為美麗端景
工作室內部設置加大尺寸的單人沙發，在家工作的同時，也能隨時放鬆。而牆面刻意拼貼斜向的木皮，豐富視覺律動，也成為空間中的美麗端景。

彈性隔間打造明亮家居

客廳、餐廳、工作室採用可開闔百葉門片與玻璃作為隔間的設計，擴大了空間尺度，令視覺感受更加開闊。家中擁有四隻毛小孩的他們，整合考量人貓的需求，設計出適合全家人的溫暖家居。

貓咪
設計
解析

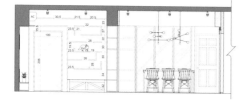

🐾 **踏階尺寸** 踏階的間距高度約在22～30公分之間，
水平間距則在19～28公分左右。

🐾 **建材** 美耐板

貓道設計 / **運用結構樑打造空中步道**

電視牆上的結構樑也被加以運用，迷宮書牆延
伸至大樑，除了有支撐功能，也是能讓貓咪遊
戲玩耍的空中步道。

材質挑選 / 書牆兼具貓咪遊樂園

大門旁的迷宮書牆是家中的設計亮點，除了能收納書籍，並有展示機能外，更提供貓咪爬上爬下、運動玩耍的功用，且在上層貼上美耐板，不僅防止貓咪抓咬，也方便清潔。

隔間設計 / 百葉門片的雙重用途

湖綠色百葉窗門片除了作為櫃子門片,當工作或是做菜不願意讓貓咪打擾,或是兩邊各有客人時即可將門片拉出,將貓咪暫時隔離於客廳區域,也能讓只裝置於客廳的冷氣能通透全室,省電又環保。

跳台設計 / 工業風up的毛孩睡床

在書牆邊的四層鐵架不僅豐富家中的工業風,更是特地為貓咪家族們設置的睡床區域,讓想要小歇的貓咪有落腳之處。

隱蔽設計 / 貓咪的祕密基地

貓咪屬於地域性很強的動物，為了保護自身安全，不讓敵人發現，很會尋找安全的隱蔽地點來躲藏，也是我們常說的「躲貓貓」，百葉櫃內留出空間，讓貓咪可以充分躲藏，三不五時即來此處小歇。

傢具規劃 / 避開貓咪抓咬的系統傢具

家中多半選用系統傢具，不僅是方便組裝、也省時省力，耐磨、好清潔的特性也很適合有飼養寵物的家庭。

傢具規劃 / 選擇抓咬也不明顯的沙發布

因為特殊訂製的「貓抓布」沙發的選項不多，為了搭配家中的
風格，客廳和工作室挑選即使被貓咪抓也不易發現的灰白色系
的織布沙發，更完整家中設計意象。

環繞式貓道，
打造360度貓咪遊樂場

HOME DATA　**坪數** 32.5坪　**格局** 玄關、客廳、餐廳、廚房、主臥、客房、更衣室、衛浴　**居家成員** 夫妻、4隻貓

王小姐從領養了第一隻貓咪開始，便陸續與4隻貓結下了緣分。於是在裝修新居時，將貓咪的需求列為改造規劃的首要考量，打造成貓咪專屬的遊樂場。

文－劉亞涵　攝影－Amily　空間設計－裏心空間設計

為了讓4隻毛小孩都能擁有最自在無拘束的生活環境，在新居裝修時，王小姐夫妻便將貓咪的需求納入首要考量，不論是在動線、安全、清潔等方面，皆以貓咪的日常需求作為設計出發點，像是格局方面，將原老宅格局大刀闊斧重新規劃，整併成完整而開闊的客餐廳公共區域，將最佳的採光與活動空間留給毛小孩們，動線則藉由充分的貓道、踏階與跳台設計，為貓咪量身打造出獨一無二的360度環繞式貓咪遊樂場。

全室貓道規劃，貓咪活動無設限

由於人平時較難接觸到上半部的住宅空間，因此完整保留給貓咪使用，以環繞式U型貓道設計串聯客餐廳開放區域，同時規劃多個上下踏階動線，讓貓咪不須原路迴轉，就可以隨心情與喜好變更行動路線，並適時在其中埋入具變化性的小設計，像是客廳電視主牆上方的貓山洞，讓貓咪在享受穿越山洞的刺激之餘，也能滿足休息躲藏的需求。而沙發上方的玻璃小窗則是王小姐的趣味巧思，讓貓咪行經時出其不意露出的肉墊小腳，為日常增添額外的療癒驚喜。

此外，公寓型住宅更要注意貓咪的安全，尤其是窗戶須採用安全鎖與紗窗強度的加強，讓貓咪可以放心在窗台享受日光浴的溫暖。而為了防止好動的貓咪溜出門外，玄關處更特意加裝可鎖的玻璃門，嚴密的兩道關卡設計，避免意外發生。

完整通透的公共空間
將客餐廳公共區域完全打開，完整而通透的空間
佈局，讓4隻毛小孩可以伴隨著午後的暖陽，在
屋內盡情奔跑、玩樂。

貓咪
設計
解 析

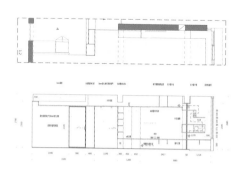

🐾 **跳台背牆** 總寬119.5公分、總高233.5公分

🐾 **踏階尺寸** 寬30公分

🐾 **建材** 松木實木板、麻繩

貓道設計 / 可變動的跳台路線，保持貓咪新鮮感

Z字型的動線設計豐富貓跳台的跳躍路徑，跳
台設計可移動的方形木擋片，則能隨時變換路
線方向，為動線帶來變化，同時也是步上環繞
式貓道的踏階之一。

貓道設計 / 垂直麻繩柱體滿足磨爪需求

除了給予踏階額外的支撐安全性，結合麻繩纏
繞的貓抓柱設計，同時可以讓貓咪發洩刨抓的
欲望，減少傢具損壞的機會。

貓道設計 / **30公分寬的貓道，維持「會車」順暢度**

環繞式貓咪走道一路從客廳貓跳台延伸至玄關、餐廳，最後再繞回客廳，360度的動線規劃讓貓咪隨心情來去自如，同時考量到貓咪「會車」的情況，貓道寬度特別預留30公分以上，增加安全性。

格局規劃 / 保留廊道深度，型塑衝刺跑道
在格局規劃上也考量到貓咪的直線衝刺需求，確保臥房廊道至玄關處的直線距離，讓家中從上到下、由內至外貓咪都能盡情奔跑、嬉戲；同時在廊道的中央位置裝設貓咪監視器，可隨時觀察貓咪的健康狀態。

貓道設計 / 留出觀察窗口，滿足貓咪好奇心
足夠的觀察視野才能滿足貓咪旺盛的好奇心，利用原有的窗型冷氣孔作為貓道端點，讓貓咪可以盡情在此向外窺視、曬太陽，亦是串聯陽台與客廳的通道口。

安全防護 / 壓克力板緩解貓咪對「禁區」的好奇

由於安全考量屋主通常不讓貓咪進入廚房，廚房上方的長型玻璃窗設計，讓貓咪們得以就近「監視」屋主在廚房裡的一舉一動，而不會躁動不安。同時，玄關處多增設一道玻璃拉門，加上安全鎖的設計，進出時可先關上玻璃拉門，避免貓咪不慎溜出大門。

貓門設計 / 門上的貓咪專屬出入口

小巧可愛的貓門讓貓咪進出臥房、浴廁也有自己的專屬出入口，活動路線更不受拘束。除了可選擇市售的鑲嵌型貓門，廁所及貓咪臥房門上特別的半圓形貓洞，不僅更貼近居家風格，貼心的門鎖設計，讓屋主可以視需求開關貓門。

貓砂櫃設計 / 我家也有貓咪居酒屋

為了維持貓砂盆的隱蔽性，除了放置在陽台、電視儲物櫃下等角落處，也可以額外增添趣味。特製的小型布簾讓規劃在洗手檯下方的貓砂盆，搖身變為別具風味的貓咪居酒屋。

不刻意營造的
2人2貓隱性貓咪宅

HOME DATA **坪數** 23.28坪 **格局** 玄關、客廳、廚房、工作區、主臥、客房、衛浴×2 **居家成員** 2人2貓

Hsin和Fanco，好客的兩人希望有個能在假日盡情接待朋友的空間，同時也希望能與兩隻截然不同個性的愛貓——Baron和Annie，用最自然的方式找到彼此相處對話的最適狀態。

文－劉亞涵　空間設計暨圖片提供－丰墨設計

由不經修飾的混凝土、OSB板、紅磚、原木色所構築出的工業風空間，強烈的風格下似乎看不到與貓咪相關的設計痕跡，直到一抹黑影躍過，以及在上方往下窺視的可愛貓臉出現，柔軟的身影似乎也軟化了空間的線條。原來設計師早就幫這兩隻貓咪規劃好藏匿的角落，在客人來訪時先占好最佳的制高觀察點。

屋主不希望刻意劃分人與貓的生活界線，所以在居住空間中看不到顯眼的貓屋與貓道設計，而是將貓咪的生活動線巧妙融入在住家當中，並透過材質的選擇，創造友善貓咪的環境。

人＋貓的雙重機能規劃

好客的屋主時常邀請三五好友來家中聚會，開放式的設計連結客廳、中島廚房及工作區，搭配可移動的傢具，讓屋主得以應付各式大小的聚會。因此為了讓害羞內向的白貓Baron，在客人來時能有個安心的藏身之處，設計師巧妙地將貓屋與客廳上方的機能置物櫃結合，可移動的櫃格前後交錯擺放，利用錯動的櫃體設計為Baron創造絕佳的隱身觀察點，不知何時探出的貓頭也可成為賓客來訪的意外驚喜。

至於貓咪需要的垂直動線，也不一定要使用醒目的貓咪專用跳台或踏階，利用鐵件、深淺木箱及玻璃展示櫃打造的書櫃，擺放上屋主的書籍及蒐藏，形成極富個性的空間端景，也可以變身極具趣味性的階梯跳台，讓活潑好客的黑貓安妮，可以上下跑跳的迎賓、玩耍。運用看似日常的機能規劃，即可完整串起2人2貓的生活動線，讓屋主與個性截然不同的兩隻毛小孩，都能在家中找到最舒適的生活方式。

巧妙融合人貓所需的況味空間

雖不刻意營造貓咪宅的外表，但是細至
材質的選擇也有特別為毛孩們設想，像
是選用松木合板取代常見的貼皮板材，
增加摩擦抓地力，鋼板則採用綿綿漆的
烤漆手法，特有的龜裂紋路除了增添
額外細節質感，貓咪也較不容易打滑。

貓咪
設計
解　析

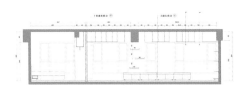

🐾 **天花通道** 總長約505.5公分、離天花高度65公分、
深度60公分

🐾 **踏階尺寸** 長60公分、踏階高度間距為45、60公分
兩種尺寸

🐾 **建材** OSB板、鐵件、玻璃

貓道設計 / **錯落櫃體的 S 型隱藏飆車道**

天生的習性讓貓咪喜歡躲在狹小空間中,尤其是膽小的貓咪,更需要有藏身又可觀察人的隱身據點。設計師利用收納吊櫃的前後錯落為膽小的Baron創造藏身處,同時S型的貓道空間,也讓貓咪行走其中時多了彎型動線的趣味。

跳台設計 / **雙動線不怕走投無路**

貓道的規劃最怕讓貓咪陷入無路可走的窘境,只能在原地喵喵叫等待主人救援。在動線規劃上,巧妙利用電視牆與樑下的鋼板置物層架,置物之餘,也可隨時化身貓咪的上下踏階,塑造出機動的雙動線,不怕貓咪走投無路。

貓道設計 / 深淺櫃體打造另類貓咪跳台

位於公共區域彼端的展示開放書牆，由深淺不一
的木箱及玻璃展示櫃組成，每個木箱皆可隨意上
下、前後移動，符合貓身跳躍高度的櫃體，構成
具豐富變化性的貓咪跳台，一躍即可跳上「躲貓
貓走道」及一旁刻意加粗的冷媒螺旋管，增加動
線樂趣。

🐾 書櫃尺寸 寬262.5公分、總高305公分
🐾 木箱尺寸 50～60×20×35公分（長×寬×高）
🐾 建材 OSB板、鐵件、玻璃

安全防護 / **電線管線收至高處，不讓貓咪誤觸**

Hsin和Fanco喜歡用投影機觀影，遂配合投影高度，將不希望讓毛小孩觸碰的影音電器或管線等收納至天花網架，保持適當的距離就不需擔心貓咪誤觸的危險。

貓砂盆設計 / 隱身沙發下的貓咪廁所

貓咪喜歡在隱蔽且固定的地方上廁所，因此除了在家中角落設置
符合家中風格的木製貓砂盆，設計師也特別在OSB板沙發基座中
設置額外空間，可以擺放貓砂盆，也是毛孩藏身玩樂的小角落。

傢具規劃 / 窗邊臥榻享受午後的暖陽

暖洋洋的窗邊是貓咪休閒時最喜歡駐足的地方，為了能與心愛的貓咪一起曬太陽，特別在窗邊規劃一整排的臥榻，人可以坐臥看書、休息，同時也是毛小孩最愛的曬太陽角落，貓咪更可以順著百葉窗的角度觀察樓下窗外動靜，滿足好奇心。

材質挑選 / 木紋磚兼具風格與清潔實用性

全然開放的公共區域，讓貓咪Baron和Annie可以在家中自由自在地穿梭、行走，貓咪嬉戲玩鬧難免會刮傷傢具或地面。建議可採用木紋磚取代木地板，不僅維持整體居家風格，耐刮又好清潔。

從天花到書櫃，
把貓咪設計融入生活

HOME DATA **坪數** 17坪 **格局** 玄關、客廳、餐廳、廚房、主臥、書房 **居家成員** 夫妻、1隻貓

曹先生夫妻兩人對於居住的要求其實並不多，在買下這間房子後，除了希望有一個更寬闊的空間外，他們最大的期待，反而是想打造出一個讓愛貓sunny住起來舒服的家。

文－王玉瑤　空間設計暨圖片提供－裏心空間設計

在這個只有17坪大小的空間，除了住著屋主夫妻外，另一位同居者就是夫妻倆的愛貓sunny。除了想讓自己住得舒適，更希望sunny可以有更開闊的空間活動，於是屋主找來了裏心設計，希望藉由設計師的專業，改善原本狹小的空間感，並量身訂製出一個可以讓sunny自由自在生活的家。

跳台、貓道與收納做整合

為了讓空間最大化，設計師以通透的無隔間設計作為規劃主軸，減少隔牆甚至將主臥也一併拆除，形成一個沒有隔間的大空間，達到屋主期待中的開闊感受。並藉由隔牆的拆除，將原本分屬於兩個空間的兩面大窗，整合成一道採光充足的窗景，藉此把視線引導至窗外，弱化空間和狹隘感受。而沒有了阻礙，自然光線便可自由灑落到空間每個角落，居住更為舒適。

為了維持空間俐落感，將跳台、貓道與大型收納櫃整合在同一道牆，刻意不在電視牆上安排太多設計，改以簡潔的線條型塑出貓道，並利用相同設計元素與材質，讓上方的貓道與電視機下方的收納層板彼此呼應，既有豐富牆面的效果，也避免貓道設計過於突兀。

電視主牆的貓道往玄關方向延伸，並與白色的大型收納高櫃相連，在高櫃上下做開口，下方開口有收納雜亂物品的功用，上面開口則是讓貓咪穿越至下一個跳台的貓洞；整面高櫃容易帶來壓迫感，因此在櫃與櫃之間以開放式層板串聯，並巧妙加寬層板，無形中也兼具貓跳台的功能，藉此簡化設計，也創造出另一條路徑，替sunny的生活增添樂趣與變化。

陽光灑落滿屋的自在空間
選擇採用無隔間的開放規劃，讓小空間變得開
闊，採光處的大面窗更讓陽光奢侈地灑滿屋裡
每個角落，不只人住起來舒適，就連sunny也經
常在陽光下慵懶地曬太陽、玩耍、午睡。

貓咪設計解析

貓道設計 / 巧思設計解決美感與實用問題

電視牆上方的貓道與跳台間的距離，應再多安排一個跳台，但基於整體視覺比例，末端採曲折設計讓高度自然下降，化解跳台距離問題，也不影響整體美感。

🐾 **踏階尺寸** 電視牆上方踏階深20公分、開放層板（貓踏階）深度40公分

🐾 **建材** 木皮塗裝板

貓道設計 / 白色高櫃巧妙隱藏貓咪通道
電視牆上方的踏階向左連結至白色高櫃，高櫃上半部挖空讓貓咪行走，下半部則保有收納機能。三座白色櫃體的高度拉成一致，維持空間線條的簡潔。

貓道設計 / 活用天花高度創造貓道

刻意不做天花藉由拉高垂直高度，製造空間的開闊感，也藉此可將高櫃與天花之間的距離打造成貓道，只要利用櫃與櫃之間的層板跳台，sunny便可輕鬆抵達。

跳台設計 / 跳台融入收納層板設計

小空間需避免設計元素過多，造成視覺混亂而影響空間感，因此將貓跳台融入收納層板設計，層板凸出的15公分，空間足夠讓貓咪暫時停留，而跳台的錯落安排，也製造出另一個通往天空步道的路徑。

貓道設計 / 兼具虛化樑柱的貓道設計
一進門天花便有一根無法忽視的大樑，設計師以天然木素材化解壓樑問題，並在左右刻意多留出空間，巧妙創造出一條sunny最愛的貓道。

CASE 12

隱形的祕密通道，
滿足貓咪的探險欲望

HOME DATA　**坪數** 55坪　**格局** 玄關、客廳、餐廳、廚房、主臥、客房、衛浴　**居家成員** 2人2貓

年輕的屋主夫妻在搬遷新居之際，除了自己的需求外，也貼心設想家中貓咪──阿bi和咪咪的生活，請設計師依貓咪習性，
創造適合貓咪的陽台貓屋和電視牆跳台，打造人和貓咪都適居的空間。

文－蔡竺玲　攝影－Amily　空間設計暨部分圖片提供－墨桓空間設計

由於屋主夫妻兩人都喜愛無修飾性的粗獷感，初始就以工業風為基調，透過水泥調色、鐵件和木質素材型塑整體空間。同時在設計新居時，太太就已決定將老家的貓咪接過來一起生活，因此在規劃之初就與設計師討論需同時納入人和貓咪的需求，適時為貓咪留出遊樂和休憩空間，但又不與居家風格相衝突，巧妙讓貓咪活動融入屋主生活。

藏在書櫃中的祕密，貓咪探險新樂園

在只有兩人居住的空間中，4房格局容易產生閒置地帶，因此將鄰近客廳的一房拆除作為餐廳，空間頓時開闊，順勢與玄關、客廳和廚房連成一氣，形成全然開放的公共領域。客廳牆面選用清水模漆打底，天花不封板，所有管線裸露並外覆EMT管、金屬螺旋管等，展現素材的原始粗獷，隱然凝塑工業氛圍。屋主考量到貓咪阿bi和咪咪分別都有10歲和15歲左右的年紀，特別在陽台留出空間規劃貓屋，讓他們觀看戶外窗景之餘，也不會在家中亂跑而受傷。設計師將貓屋設計融入大樹意象，並留出小洞，不僅讓枝幹向外延伸至電視牆，也是貓屋的出入口之一。當屋主外出或晚上睡覺時，此處也是兩貓休息的臥寢區。

同時，屋主本身有大量的公仔、收藏品等，則在餐廳後方設計一道書牆收納，櫃體運用鐵件決定出骨架，再以OSB板材製成櫃格擺入，可隨意移動的櫃格讓收納表情更顯豐富。最有趣的是，設計師精準計算各櫃格的高度間距，在櫃格之間隱藏著一條恰恰適合貓咪行進的祕密通道，貓咪便能順勢向上抵達置高點，無須特別做出醒目的設計，貓咪自然而然就能使用。櫃體最上方刻意不放置物品，這是專門留給貓咪的區域，滿足他們登高俯視的欲望。在看似自然的居家設計，巧妙達到雙方需求，貓咪和人都能悠然自得的生活。

KEY3-CAT'S STEP SHELVES & DOOR | 貓走道＆貓門

拆除一房，換來通透複合機能區

將原有4房格局，拆除其中一房作為餐廳，與
客廳、廚房相連，打通公共領域。偌大的餐桌
同時也可供工作使用，兼具書房機能。

貓咪
設計
解 析

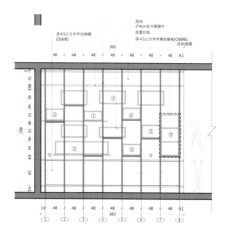

🐾 **櫃子尺寸** 總長約360公分、高298公分、深度45公分

🐾 **通道尺寸** 貓咪通道的櫃格間距為13公分高

🐾 **建材** OSB板、鐵件

貓道設計 / 穿越櫃體的隱藏通道

一開始設計書櫃時，就預定保留最上層給貓咪
使用。以此為發想，運用一個個方形櫃格，組
合出收納空間外，也精準計算櫃格之間的距
離，巧妙打造出一條通往櫃頂的隱藏通道。

材質挑選 / 天然木材使用好安心

以鐵件為底，組合出櫃體骨架，再選用無塗裝
的OSB板材製作櫃格，自然的木紋肌理能軟化
剛硬的鐵件，同時板材本身無塗裝的特性，不
會有刺激性的化學物質，讓貓咪在走跳時也能
安心使用。

貓窩設計 / **既是收納,也是貓咪躲藏的最佳據點**
貓咪向來喜歡狹小的密閉空間,透過設計一個個的方形櫃格,不僅滿足收納機能和造型展示,無形中也成為貓咪最愛的躲藏空間。

通風循環 / **運用機械與自然通風,降低悶熱環境**
當屋主外出或晚上睡覺時,咪咪和阿bi就會安置在貓屋內,因此將貓屋設在推拉窗的一側,並留有插座以備使用電扇或飲水機,透過設備和自然通風的循環,避免內部溫度過高。而不易開啟的抽拉式紗窗及安全鎖也能防止貓咪打開,有效維護貓咪安全。

貓屋設計 / 小小日光玻璃屋

為了讓貓咪有一處休憩的空間,沿著陽台區域
規劃出一座日光貓屋,貓咪便能臨窗俯視眺望
美景。並利用大樹意象自貓屋向外延伸,搭配
跳台層板,讓貓咪能自由穿越內外,而電視下
方的實木平台,也順勢成為出入動線的一環。

賦予自然意象和活潑跳色，
貓咪設計不突兀

HOME DATA　**坪數** 75㎡（約23坪）　**格局** 玄關、客廳、餐廳、廚房、臥房、衛浴×2、陽台　**居家成員** 2人1貓

屋主把貓咪當作小孩來疼愛，想帶給牠更舒適的環境，因此重新規劃專屬貓咪的設計，讓貓咪生活更加豐富有趣。

文－余佩樺・劉亞涵　空間設計暨圖片提供－NV ARCHITECTS　攝影_Andrew Bezuhlov

這間座落於烏克蘭基輔的住宅，原始空間較為狹小陰暗且機能不佳，人們生活其中，不舒服也不自在，更何況是貓咪呢？因格局無法變動，在確定環境是人與貓共處後，烏克蘭設計團隊試圖找出環境中的「長面向」來對應，即指各空間屬性不變下，利用這些長面向來衍生出貓咪所需的專屬空間，如：通道、小屋、跳台、踏階、貓洞等，空間滿足人們的使用，同時間接提供貓咪們足夠的走道與玩樂發洩的環境。

找出環境最適點，讓貓咪設計變得不刻意

首先看到的便是入口對應的端景區所配置的獨立「貓空間」，牆上利用枯木樹枝串聯層板，形成所謂的貓跳台，提供貓咪爬上跳下的需求。另外一旁的玄關櫃則特別在下方處，設計了一個貓洞，作為牠的專屬堡壘，生活於此也能更有安全感。另外則是客廳電視牆，設計者特別規劃了不同高低尺度的電視櫃，適合作為貓咪的另類通道，讓牠能在這跳躍與探索。

由於貓咪喜歡對空間有一定的掌握，可以看到設計師在餐廳座位區設計了一座高櫃，當貓咪爬上置高處時，可以俯視完整室內環境，加深另一層的安全感。除了置高點的規劃，格局之間的設計也別有巧思，像是客廳與陽台區之間，設計師就改以透明玻璃作為隔間牆，除了引進充沛光線，當貓咪遊走於空間時，也能更自在，並對環境有更多的了解。

明亮通透的公共空間
客廳、餐廳、廚房無隔間的設計,擴大
了空間尺度,生活更開闊。僅留下一面
磚牆避開開門見灶問題,也讓餐桌有所
依靠。寬敞無阻隔的動線,讓貓咪和人
都能隨心所欲行走。

貓咪
設計
解 析

踏階設計 / **枯枝與層板，串起一層層專屬貓跳台**

玄關對應的端景牆是貓咪的專屬區域，利用枯樹枝與層板，串起層層的專屬貓跳台，讓牠能透過爬上跳下的方式，舒展筋骨與釋放壓力，當毛孩子跳躍時也間接型塑最生動活潑的景致。

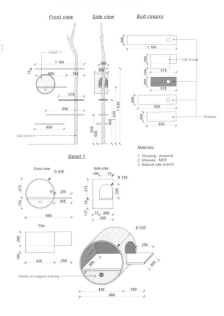

Training shelves system for pussy cat

Front view　Side view　Buộ ceepxy

Detail 1

Cat house

Shelves

Materials:
1. Housing - plywood
2. Shelves - MDF
3. Natural oak branch

Oak branch

Detail 1

Front view　Side view

Plan

Panel on magnet bracing

🐾 **踏階背牆** 總寬110公分、總高163公分
🐾 **踏階尺寸** 20×57~110公分（寬×長）
🐾 **建材** 膠合板、中密度纖維板、天然橡木

貓洞設計 / **櫃體整合貓洞，一體成型好美觀**

貓咪屬於安全主義者，天性喜歡鑽進洞裡，為了滿足此需求，玄關櫃下方特別留了一區作為貓咪的躲藏空間，讓毛小孩可以在裡面感到安全舒適，也能安穩地睡覺。

貓道設計 / 就算是家貓也要擁一區高處空間

貓咪是天生的獵人，總喜歡躲在高處伺機而動，這樣的天性就算轉為家貓仍不變，設計者在餐廳座位區上方，設計了一層高櫃，滿足貓咪以高處當看台的需求，同時也能作為屋主置放物品的收納空間。

貓道設計 / **利用櫃體高低差，間接變出隱形貓道**

由於是貓與人共住的空間配置機能時便一併納入考量。像是客廳電視櫃，設計者刻意配置了有高低差的櫃體，看似簡單，但就是這特殊的高低差，提起毛孩子探索、遊走的欲望，也間接變出貓道的一種。

材質挑選 / **慎選材質，減少貓爪對傢具的破壞**
臥房空間中床頭板及衣櫃門片特別選用洞洞板，除了增添色彩及材質紋理的多樣質感，洞洞板可適時轉移貓咪對於其他傢具的興趣，減少貓爪的破壞。

材質挑選 / **透明玻璃取代實牆，滿足貓咪對空間的掌握欲**
貓咪喜歡享受瞭若指掌的感覺，若環境中受實牆阻隔過多，易使得這樣的欲望無法被滿足。因此在不破壞格局下，空間除了盡可能採開放設計之外，串聯客廳與陽台的隔牆改以玻璃取代，讓毛孩子能清楚窺探環境，也能滿足對空間的掌控。

CASE 14

自由自在生活的
工業風貓樂園

HOME DATA **坪數** 45坪　**格局** 玄關、客廳、餐廳、廚房、書房、主臥、次臥、衛浴×2　**居家成員** 夫妻、2隻貓

賴先生、陳小姐夫妻倆皆為牙醫師，男主人愛好動漫與模型蒐集，女主人曾獲選百大知名部落客。不因工作忙碌而犧牲生活興趣，對居家空間的規劃充分體現他們重視休閒與互動。

文－陳婷芳　空間設計暨圖片提供－麥田室內設計　部分圖片提供－希默

由於年輕屋主對空間格局不拘泥傳統思維，設計師不僅打破隔間牆的限制，且將客廳與書房位置對調，偌大的書房晉升為空間主角，而因玻璃門的設置，客廳、書房、餐廳、廚房公領域串聯開放通透，創造室內複合機能。

屋主夫妻喜愛工業風的緣故，除了使用環保樂土塗裝天花板，表現水泥原始質地的裸露手法，鐵件與木作則運用於置物收納上。同時，室內處處設計許多小巧思，例如寫著「貓咪已餵」的黑板漆塗鴉牆巧妙修飾了柱體，橫樑下方設置豐富的收納空間，結構體轉角處安裝健身器材，文化石牆裝置投影布幕取代制式的電視牆，機能與設計裡應外合，更顯相得益彰。

工業風貓跳台融入生活中

雖有貓跳台、貓箱設計，但這個家對毛小孩而言，是一個完全開放的空間，當初純粹是考量貓咪喜歡躲藏的習性，為了避免屋主外出時，家裡兩隻毛小孩Cola和Tola躲起來，因此在書房與廚房設計了鐵件玻璃拉門，不在家時就關上。

其實Cola和Tola算是個性活潑好客不怕生的米克斯貓，也會自己找樂子，對自己家毛小孩性格瞭若指掌的屋主，不只在客廳窗邊設置貓咪活動跳台和貓砂區，成為寵物的專用空間，也因為貓咪通常喜歡從高處俯視，Cola更是常常會出現在跳台上沉思的賣萌模樣，所以在貓箱通風口與窗台之間特意設置一處凹槽，成為貓咪趴在窗台看風景、曬太陽，超級享受的專屬貓台。

另外，設計師也利用餐廳的展示櫃延伸出階梯式的貓跳台設計，在工業風格一脈相承下，運用水管鐵件打造貓跳台，質感更勝一籌。

複合功能設計空間

當書房成為空間主角，與客廳、餐廳、廚房形
成通透無隔間設計，更能擴充貓咪與人的休
閒娛樂範圍。工業風設計基本元素的水管、鐵
件、水泥天花板，加上煙燻感的文化石牆，盡
情表現個人喜好。

貓砂櫃設計 / **移動式貓砂櫃檯面清潔好輕鬆**

貓箱的材質裡面為美耐板，耐磨防水好清理，外層貼上木皮，讓貓箱看起來以為是收納櫃。無底板的貓箱，結合移動式貓砂盆檯面，木推車裝置活動輪可彈性進出，更利於屋主進行清潔整理。

跳台設計 / **畸零空間設置貓跳台**

利用客廳窗邊牆面與書房玻璃門之間的畸零空間，設置一座貓跳台，與貓咪收納櫃成為貓咪專屬的活動場域。水管鐵件裝置的跳台，加上環保樂土水泥質地的背景牆，就算是玩樂設施也要符合工業風的設計形象。

貓砂櫃設計 / **打通貓咪收納櫃空間，穿梭自如**
設計師將貓砂櫃打通，讓貓咪可以自由穿梭，側邊設計
出入口與窗邊跳台相連。貓砂櫃裡分配了三座活動輪木
推車，總共可以放入兩個貓砂盆和貓咪器具，加上木櫃
小抽屜收放貓食零嘴，貓咪收納櫃一體成型。

貓砂櫃設計 / **窗台的收納櫃凹槽，成為貓咪窩藏好去處**
在貓箱的通風口與窗戶之間降板，形成一處凹槽，
除了應付窗戶捲簾放下時的緩衝高度，特別設置的
通風口，讓貓咪在櫃內上廁所時也不致悶熱。而這
一凹槽也成為貓咪平時休憩、曬太陽的最佳地點。

安全防護 / **不在家時關上鐵件玻璃門**

公領域原本拆除隔間而開闊通透，不過為了防範家中毛小孩趁著大人不在家時躲起來，書房與客廳、餐廳與廚房之間設置鐵件玻璃拉門，才不會到處找毛小孩。

安全防護 / **隱藏把手保持空氣流通**

入門鞋櫃與收納櫃採無把手設計，雖然線條簡潔俐落，但對喜歡打開衣櫃的貓咪而言，卻可能躲在裡面。門板造型切口為隱藏把手的設計，可以保持空氣流通。

跳台設計 / **工業風展示櫃延伸貓跳台**
利用水管鐵件打造出工業風展示櫃，
在餐廳作為屋主陳列私藏的清酒瓶，
而展示櫃旁則再設置貓跳台，不僅創
造活潑的牆面設計語彙，貓咪還可以
多擁有一座貓跳台。

環繞全室的貓咪遊樂場，
自由奔走無設限

HOME DATA　**坪數** 20坪　**格局** 玄關、客廳、書房、廚房、主臥×2、衛浴　**居家成員** 2人4貓

退休的屋主夫妻養貓已有十餘年，兩人皆十分疼愛毛小孩，也經常餵養流浪貓，趁著規劃新居，落實人貓各自獨立的生活空間。

文－蔡竺玲　攝影－Amily　空間設計暨部分圖片提供－凱翊室內空間設計

十分愛貓的屋主夫妻，在規劃之初，兩人只要求必要的空間條件，家中絕大部分的設計是以符合貓咪生活形態為出發點，不論是貓咪天生喜愛在置高點觀察的特性，亦或是貓咪平時和家人相處的小習慣，藉著規劃新居之際一次滿足貓咪的所有需求。

一開始先將原始三房略微調整，其中一房隔間拆除改為拉門，成為可隨意開闔的開放書房。書房與廚房以櫃體相隔，上方廚櫃刻意讓給書房，設計出一個可供貓咪躲藏、睡午覺的隱蔽空間。同時，讓出餐廳給貓咪使用，真正的用餐區則調動到廚房內部，精準測量櫃門尺寸，並運用特殊五金，一掀櫃門就成了特製小餐桌。兩間主臥略微調整空間深度，在不大的空間中設置掀床，不僅有效運用坪效，不用的時候就收起來，還能防止貓咪偷偷尿床。

順應貓咪天性，由上而下串聯各區的天空步道

此案最重要的設計原則，就是將所有用不到的上方空間全數留給貓咪。從客廳的電視牆開始，拉出向上攀高的階梯，設計環繞客廳、餐廳上方的步道後，一條進入廚房，另一條一分為二，分別進入書房和臥寢區。主臥的櫃體上方刻意打通，並設計開口，讓貓咪能夠遊走於櫃體內外，也特地將通道引導至窗邊，滿足貓咪眺望窗景的欲望。而晚上就寢時，貓咪經常會和屋主太太一起睡覺，還特別在櫃體下方留出貓咪專屬的睡房。除了連接空間上方的通道，幾乎在屋內的每道門片都設置貓門，讓毛小孩從上而下都能不受拘束、恣意進出。秉持著順應貓咪的天性，以尊重家中每個人、每隻貓的角度，創造人貓共享的新樂園。

讓貓咪盡情玩樂、躲藏的開放設計

從平面到立面,運用走道、踏階、櫃體設計出環繞全屋空間的貓咪遊樂場。家中的毛小孩無須落地,也能透過天空步道在家中隨意遊走。另外,為了安全起見,陽台加裝間隔5cm的隱形鐵窗,讓毛小孩和家人各自享有獨立空間的同時,也能更安心。

貓咪
設計
解 析

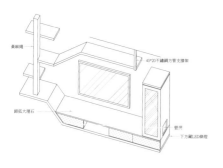

黃麻繩

40*20不鏽鋼方管支撐架

銀狐大理石

鐵件

下方藏LED崁燈

🐾 **步道尺寸** 深度約在30～35公分，距離天花
約留出32公分高。

🐾 **踏階尺寸** 間距約30公分高

🐾 **建材** 美耐板、鐵件

貓道設計 / **創造多元的上下通道**

以文化石鋪陳的電視主牆，配置基本的收納空間後，其餘皆留給貓咪使用。左右兩側踏階讓貓咪能一路向上，連懸浮櫃體也成為踏階的一環。同時在規劃之初，就留出放置老家貓跳台的空間，讓貓咪能自由選擇上下的路徑。

貓道設計 / 貓咪才知道的隱藏小路

因應貓咪會迎接屋主回家的習慣，玄關櫃體刻意加厚深度，後半空間留給貓咪行走，即便不落地，也能從電視牆一路通到玄關。而為了方便清潔，內部通道設有小拉門，一打開就能擦拭。

安全防護 / 以鐵件加強支撐，延伸全室的天空步道

由於貓咪步道環繞整個客廳、餐廳空間，跨距相對較長，因此更需要注重步道的承重是否足以讓貓咪盡情跳躍。除了將步道嵌入牆面支撐外，並在端點和中央處以鐵件支架輔助，藉此加強結構。

材質挑選 / 耐髒好清潔的美耐板走道

由於貓咪有噴尿和嘔吐的習慣，不論是踏階還是走道，皆採用
木紋美耐板貫穿全室，好清潔的特性讓髒污不會殘留。而為了
讓貓咪能隨時觀察家人動態，書房上方設置強化玻璃，貓咪行
走時也能窺探，滿足好奇心。

貓道設計 / 貓咪最愛的躲藏處

書房與廚房相鄰，廚櫃上方空間讓給書房使用，形成約深40
公分的內凹空間，狹小又隱密的特性，變成了貓咪最愛的休憩
區。而書房右側窗戶正好與後陽台相連，也特別設計步道，讓
貓咪隨時都能走向陽台觀賞風景。

傢具規劃 / 掀床設計有效避免亂尿問題

由於貓口眾多，經常有貓咪為了爭寵、佔地盤，而在床上撒尿，再加上臥房坪數相對較小。為了避免這樣的情形，臥房改以掀床設計，不用時就收起來，不僅能節省坪效，也能有效防止貓尿問題。

貓道設計 / 落實全屋串聯的貓道規劃

為了讓貓咪隨意在空間走動，幾乎所有隔牆的上方皆做開口，同時所有櫃體皆不做滿，上層空間留做貓道使用。部分上櫃額外做出入口，除了可串聯上下通道外，貓咪也能進入櫃內安心睡覺。

貓道設計 / **不論上下都好走**

略微調整尺度的兩間主臥，由於坪數較小，因此改以拉門設計，藉此釋出空間放置收納櫃和貓跳台。上方貓道和門片皆做出貓洞，不論貓咪走到哪都能恣意進出。

牆面設計 / **好清理、不怕髒的腰牆設計**

由於部分貓咪有對著牆面噴尿的習慣，因此客廳背牆刻意鋪陳腰牆，並採用美耐板材，讓牆面視覺更為豐富的同時，即便弄髒也能方便清理。

突破限制，
創造人貓共住的幸福空間

HOME DATA **坪數** 11坪 **格局** 玄關、客餐廳、廚房、主臥、衛浴 **居家成員** 1人、2隻貓

經常在家工作的王小姐，比起一般人有比較多時間陪伴家裡的兩隻貓咪，因此雖然知道買下的這個房子很小，但還是希望
能為貓咪打造一個擁有更多活動空間的舒適居家。

文－王玉瑤 空間設計暨圖片提供－裏心空間設計

遇到小坪數空間，一般人大多希望盡量讓空間變得更大，但屋主王小姐對於空間的想法卻和別人很不一樣，不追求空間看起來開闊，反而更希望滿足她期待的各種機能；像是擁有大量書籍，需要打造一面大書牆來收納；房間只是用來睡覺，所以簡單就好，但堅持一定要有更衣室與儲藏室。除此之外，為了兩隻同居的貓咪，也得做出適合牠們居住與習性的設計與規劃。

向上發展的天空貓道

雖然屋主不在意空間是否延伸擴大，但隔間如果太多仍會因此產生壓迫感而住得不舒服，因此為了避免隔牆將空間切割得零碎且帶來狹隘感受，設計師選擇從玄關處安排衛浴、儲藏室以及更衣室，藉此讓剩餘空間更為完整，並規劃成活動頻繁的公共生活區，雖然公共空間的坪數仍然有限，但因為鄰窗位置採光絕佳，再加上廚房採開放式設計，藉此可延伸空間製造開闊效果，弱化小坪數的侷促感，創造出人貓可自在活動的寬敞居家。

至於專門收納屋主大量書籍的書牆，則與走道結合，節省空間的同時也可避免書牆造成主要生活區域的壓迫感，甚至也巧妙取代隔牆隔出主臥，並讓出書牆部分空間，規劃成兼具鞋櫃與貓樓梯兩種功能的側面櫃。

原本因為空間太小只好向上發展的設計，順勢讓貓道圍繞著主臥隔牆，符合了貓咪喜愛登高的特性，也在不影響過多居住空間的前提下，實現了王小姐希望增加貓咪活動空間的願望。

明亮開闊的公共空間

將公共區域規劃在唯一的採光面位置，藉由大
面窗戶與主臥的玻璃拉門，可淡化小空間的狹
隘感，打造出明亮又不失開闊的生活區域。

貓咪
設計
解 析

貓道設計 / 複合功能滿足雙重需求

小宅的空間有限，因此將鞋櫃功能與前往上方貓道的踏階結合，藉此節省空間，也讓貓咪能輕易抵達高處的貓道。

🐾 **鞋櫃尺寸** 約高226公分、深57公分。
櫃子離天花留出49公分作為貓道。
🐾 **建材** 系統板材

貓道設計 / **居高臨下的貓道**

由於平面空間不足，因此貓道設計改以向上發展，一方面有
效利用空間高度，另一方面也是刻意藉此打造出垂直動線，
增加貓咪活動空間，也可以提高他們活動的興致。

安全防護 / 以吊筋手法加強結構

貓咪經常行走的走道特別以金屬鐵件加強貓道結構，避免因走動以及貓咪的重量而有凹陷疑慮。而剛好形成的方框鐵件造型，也恰好增加變化與樂趣，滿足貓咪愛玩耍的習性。

貓道設計 / 自由行走的祕密通道

書牆與玻璃門間的間距，採用開放層架與玻璃做連結，藉此可為主臥帶來更多光線與通透感受，刻意保留最下方開口不封死，方便貓咪隨意進出主臥。

跳台設計 / **跳台融入收納牆**

樑下空間利用收納牆設計拉齊線條，並增加空間裡的收納空間，結合開放和封閉兩種型式，可滿足多種收納需求。部分開放層板刻意凸出作為貓跳台，只凸出約15公分的極限值，避免壓縮到走道，顧及人在行走的舒適度。

探訪貓旅館

貓咪旅館，不同於居家有寬敞的空間，需要在有限的坪數中提供貓咪舒適的生活環境，因此更要考慮到居住的尺寸、好清潔以及通風順暢的問題，可供讀者在設計居家時作為參考。

攝影－Amily　空間設計－凱翊室內空間設計　場地提供－就是貓旅館、愛貓園旅館

場地提供－就是貓旅館

POINT 01

加強安全防護，避免貓咪偷跑出去

由於當貓咪到新環境時，多半會因為焦慮或是好奇心而想要逃離，因此一定要做好安全把關的設計。除了在貓房增加鎖釦之外，也需從周遭環境下手，像是窗戶加上防墜安全鎖，大門也需增設多道防護，才能有效避免貓咪偷跑。

大門採用內拉方式，當門片是向內拉時，較能有效用身體擋住開啟的通道，能順勢阻擋貓咪向外的路徑。

除了大門之外，多增設一道拉門並加裝門鎖。兩道門片的設計，能降低貓咪外出的機率，有效保護貓咪安全。

場地提供－就是貓旅館

設計兩道關卡，有效預防貓咪跑到室外

為了防止貓咪逃脫到戶外，貓房一定要增設門鎖，並且除了大門之外，在進入貓房住宿區時，建議再增加一道門。雙重關卡的設計，即便客人進出時，也能先其中關上一道門，讓貓咪安全更有保障。

POINT 02
思考貓旅館的空間佈局

先從整體格局來考量，貓旅館需配置遊戲區、接待區和貓房區，除了寄宿服務之外，若有附加寵物美容、商品販賣等，則需額外規劃出洗浴、烘乾的空間，以及存放備品的倉儲空間。接著，再考慮到貓房所需的坪數也不能太小，必須要確保貓咪基本的生活品質，同時還需容納得下必備的貓砂盆和飲水器，以及足夠的垂直空間，兼顧貓咪的生理和心理需求。

空間設計－凱阡室內空間設計
場地提供－愛貓園旅館

合併遊戲區和貓房，讓有著狩獵性格的貓咪能事先觀察遊戲區的地形和動態，熟悉環境之後，也更能願意出來活動。

遊戲區和貓房可合併設計

即便是短期住宿，也要注重貓咪生活品質。在規劃整體空間時，要注意貓房數量不宜過多，不僅是會壓縮到每一個貓房的坪數，地盤意識強烈的貓咪，到一個新環境面對數量眾多的貓咪，難免會更緊張害怕。另外，也須先設想貓咪需有出來活動筋骨的時間，而必須設置遊戲區或是放風的空間。因此建議貓房可和遊戲區比鄰規劃，讓貓咪在貓房內就能觀察到遊戲區的動態，也有助於適應環境。

貓房內設計可供活動和隱蔽的空間

至今貓咪的生活習性仍保有與生俱來的天性，地域性強的他們要鞏固地盤也要確保自身安全，因此貓咪通常以敵明我暗的招式，選擇較隱密地點躲藏，同時較能掌握環境狀況。再加上貓咪到了旅館這種陌生的環境，勢必相當不安，因此有隱蔽的貓屋設計相對來說會較為安心。

空間設計－凱翔室內空間設計
場地提供－愛貓園旅館

場地提供－就是貓旅館

在一隻或兩隻貓的居住情況下，單一貓房大多是做成櫃體形式。一般約60～90公分深，而寬度多在80～90公分，這是考量到貓砂盆放入後，貓咪仍有行走的空間。

躲藏的貓箱空間則是依照貓咪的身形設計，長寬大約40公分左右，貓咪在裡面趴坐也不會過窄。貓箱建議留出洞口，滿足貓咪想要躲藏的心態，又能警覺地觀察周遭環境。

考量到多貓家庭的情況在下，單一貓房可能無法滿足，可彈性運用空間。可在貓屋的隔間開出洞口，兩間貓房即可搖身一變成為大套房。設計時要注意洞口門片需能完整開啟180度，同時不會妨礙到設備器具的放置。

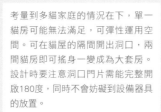

場地提供－就是貓旅館

符合各類貓咪的跳台設計

貓旅館會迎接來自不同年齡層、不同品
種的貓咪，因此創造一個有著多變豐富
的活動空間會較適當，滿足各類貓咪的
需求。踏階的尺寸需考量到老年貓、三
腳貓，甚至有些品種貓的腿相對較短，
跳躍和爬上階梯相對都較吃力。踏階高
度可相對拉低，並加強防滑，增加斜坡
緩道，以防萬一。

踏階配置建議採用Z字型設計，左右交錯才留
有空間讓貓咪跳躍。踏階深度建議在30公分左
右，方便貓咪行走。

場地提供－就是貓旅館

空間設計－凱翊室內空間設計
場地提供－愛貓園旅館

場地提供－就是貓旅館

彈性搭配的現成貓跳台、可
移動式的樓梯或貓抓板，配
合行動不便的貓咪。

POINT 03
考慮多貓時的通風循環和恆溫控制

和狗狗比較起來，愛乾淨的貓咪身上沒有太重的體味，反而是貓砂盆的味道反而讓人難以忍受。因此貓旅館必須要考量到一旦所有房間客滿、多貓同時存在的情況下，以及貓櫃會處於長期密閉的狀態，這些因素都會容易造成空氣容易不流通，而使得會有異味或悶熱。建議須從旅館整體和個別貓房的通風來考量。

場地提供－就是貓旅館

設計自然對流，輔以設備加強

在規劃空間時，最重要的是保持整體的通風和恆溫維持，是否有開窗？是否有西曬過熱或是冬天會很冷的問題？建議先創造自然對流的環境，設計完善的進、出風口，讓空氣能自然流通，並以空調設備和風扇輔助，維持在貓咪最感到舒適的18～25℃室溫。

設置進風口和風扇，提供整體環境的對流。風的流動是時常轉變的，因此除了設置開口之外，也須藉助機械通風輔助。注意通風原則是有進有出、進風口面積要大於出風口，帶動風壓自然流入室內。

適當選擇空調的位置，在空調出風的路徑上再搭配機械通風輔助，並在牆上加開進風口，讓室內更能循環流通，維持舒適室溫。

場地提供－就是貓旅館　場地提供－就是貓旅館

194

貓櫃也要有獨立通風

貓房多半都採用櫃體的形式，封閉的狀態容易讓內部空氣過於窒礙不順暢，因此貓櫃本身也須注意通風設計，建議貓櫃上下不做滿，或是留出適當的進氣口，加上靜音的抽風扇，確保櫃內對流循環，貓咪長時間待在內部也不悶熱。

使用輕鋼架天花板搭配網格式鋁網，保留貓屋上方的空氣循環空間，有效帶入新鮮空氣。

空間設計－凱設室內空間設計
場地提供－愛貓園旅館

場地提供－就是貓旅館

場地提供－就是貓旅館

櫃體門片設計大面積的進風口，並採用靜音風扇加強對流。風扇極低的音量，即便客滿的狀況下，也能確保貓咪的安寧品質。而為了防止貓咪抓咬電線或觸碰風扇，都有加裝不鏽鋼網及保護管，維護貓咪安全。

KEY 4

GOODS

傢 具 傢 飾

THE CUBE／THE BALL／THE BED

來自法國巴黎的Meyou，以「繭」為設計概念推出一系列貓窩單品，特殊棉線結構構成的繭型貓窩，質地堅韌同時保有棉料的柔軟，平時還能作為毛孩的貓抓板；而帳篷型的The BED，則能讓貓咪休息時也能隨時觀察四周，滿足好奇心。40×40cm；40×40cm；46×50cm，材質：棉線、實木、羊毛氈。圖片提供_Meyou Paris

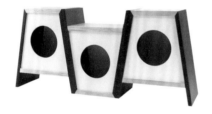

ELEGANT貓屋

以拼接概念搭配簡約幾何圖形，營造簡潔時尚感，波麗板的選用則具防抓特性，上下顛倒的設計概念多了組裝的趣味性更加多元化，更可以依需求調整作為邊桌或椅凳使用。48×30×56cm，材質：紐松木、拼合版。價格電洽，圖片提供_Myzoo動物緣

太空計畫

以太空艙為發想的貓屋設計，運用曲木加工與3D技術製成，仿膠囊造型的太空艙Alpha，擁有圓形曲線的設計適合各種貓體及姿勢。65×42×42cm，出入口直徑22cm，材質：椴木實木皮。價格電洽，圖片提供_Myzoo動物緣

▌貓砂箱

客製化的櫃體設計，可依放置的貓砂盆數量選擇貓砂箱的尺寸，以及可選擇出入口的尺寸和位置，甚至可額外設計存放貓咪用品的儲物空間。採用羅馬尼亞杉木製作，優雅有質感的外觀，放在家中也不顯突兀。價格電洽，圖片提供_Myzoo動物緣

▌甜甜圈涼床

專利的甜甜圈設計，可以快速展開及收納，不僅可放置家中也相當方便攜帶，採用環保蜂巢紙芯既耐用更不吸熱，讓毛小孩四季都能擁有舒適的睡眠。58×17cm，材質：環保蜂巢紙芯、密底板。價格電洽，圖片提供_No.88倉庫

▌原木貓砂櫃

每隻貓咪都喜歡鑽洞、躲藏，透過貓砂櫃在有限的範圍裡創造上下跳躍的空間，不僅有效解決居家落砂的問題，貓咪也能在隱蔽空間安心如廁，減低壓力，而簡約的造型，讓貓廁所又可再搖身一變，成為獨立且具質感的原木傢具。尺寸訂製。價格電洽，圖片提供_拍拍Pets' & Design

▌W45・骰子貓屋

經典基本款的骰子屋，六面都有骰子點數，可以盡情跟貓咪玩起洞洞樂，也能使用吹風機充當烘毛箱。整體手工木作，由實木條木心板製成，堅固又耐重，可以是一個簡單的貓屋，也能當椅子乘坐。NT.2,145元，圖片提供_MOMOCAT

▌摩登書架跳台

結合收納和貓咪使用的多功能跳台，可用於玄關和客廳。刻意將櫃體的箱型空間安排在下方，與地面大面積接觸，使櫃體的重心降低，增加貓咪跑跳的安全性。整體以雲杉實木打造，表面以天然蜜蠟塗佈，天然無化學的原料，讓寶貝使用更安心。長106公分、高103公分、深27公分。價格電洽，圖片提供_Myzoo動物緣

▌LUNA跳台

貓咪都有攀高的習性，在家中跳上椅、跳上桌，也許有天也能跳上月、跳上日，體驗真正居高臨下的快意，於是將跳台本體直接懸掛於牆面，讓愛貓真的攀上星月。100×100cm；90×90cm，材質：雲杉木。價格電洽，圖片提供_Myzoo動物緣

▌原木跳箱窩

貓咪最喜歡四處蹦蹦跳跳，四種不同造型的實木方塊，根據不同的開口方式組出不一樣的組合變化，創造多變的貓道、跳台或小窩空間，為愛貓打造永遠不會玩膩的遊樂場。36×36×36cm，材質：松木。價格電洽，圖片提供_拍拍Pets' & Design

▌B04・手作貓砂屋跳台

機能型「透天」手工貓跳台，下方結合貓砂屋設計，確保視覺的美觀且減少貓咪帶砂出來的情形，也能當作貓咪用品的儲物間。低甲醛塑膠貼皮木心板、系統傢具厚質封邊，耐重約80公斤，共有三種木色可選。NT.8,625元，圖片提供_MOMOCAT

▌芭蕾跳台

以貓咪喜愛登高的習性發想，透過樹的形象，在枝幹上鑲嵌圓形踏板。S型的環繞設計，讓貓咪優雅的姿態一步步旋轉而上，有如跳舞般輕盈跳躍。圓形踏板直徑25公分，踏階間距的高度20公分，總高161公分。價格電洽，圖片提供_Myzoo動物緣

▌旋轉貓梯

旋轉貓梯結構穩固，以不鏽鋼軸桿支貫穿，底座有支撐板。每片階梯間距之間是12公分，這是貓咪行走時最佳的間距，經過測試無論是老貓、小貓、短腳的曼赤肯，甚至3腳的殘障貓，都能輕鬆上下。底座的支撐板纏上黃麻繩，兼具有抓板的功能，每片梯板上都有加貼不留殘膠的防滑墊，一方面防止貓咪滑倒，也保護梯板不會被貓爪刮花。單座旋轉梯高度：210cm、樓梯圓座：70cm、底座：60X60cm。天橋長約120公分。材質：樺木合板、鋁合金、#304不鏽鋼軸桿及黃麻抓板。價格電洽，圖片提供_格子窩創意

▌貓飛輪

貓飛輪是唯一可以讓貓咪運動的工具,它不僅止於滿足好動貓咪的精力發洩,貓咪藉著跑貓飛輪可以降低焦慮感,所以特別適合多貓的家庭。新版的貓飛輪比第一代具有更多優點,全新的底座設計,讓輪框轉動時更為安靜、平穩。直徑120公分、寬度35公分。價格電洽,圖片提供_格子窩創意

▌B38‧手作貓砂屋跳台

「貓」性化流暢動線,結合貓跳台和貓砂屋形式,減少帶砂。低甲醛木芯板搭配雙面防水仿木貼皮,好清理且耐重超過80公斤,貓抓柱柱體永久保固,邊角門框都以膠面做安全封邊,可加購配件做客製化調整。NT.13,330元,攝影_Amily,商品提供_MOMOCAT

▌拱門貓抓柱

拱門抓柱採用台灣製造的黃麻繩,質地柔軟不扎手、天然無染色、無油漬味,相較於紙板比較不會有大量掉屑的問題。採模組結構,有4片麻繩抓板、8個可抓面,貓咪可以從不同角度磨爪,讓麻繩抓板可以在久經使用後抽換更新。中間裝有一根彈簧繩繫鈴噹藤球玩具,貓咪可以一邊抓一邊玩球。總高92公分、麻繩抓柱70公分、底座40×40公分。材質:密底板、黃麻繩。價格電洽,圖片提供_格子窩創意

▌蜂巢式六角貓跳台

蜂巢型的設計能在最小的牆面積上建築最多的空間，且能隨需求接合成各式形狀、大小，而側邊的挖孔則讓貓咪能在跳台中來去自如，化身小蜜蜂般的忙碌。50×43.5cm，材質：雲杉木。價格電洽，圖片提供_Myzoo動物緣

▌貓牆

貓牆是以模組化概念所發展出的貓咪居家系統，結合了貓格窩、貓走道、落地貓梯及梯板等設施，兼具貓跳台及貓窩的功能。巧妙利用居家牆面，擴充貓咪的活動空間，可減輕因空間狹隘，對貓咪所造成的緊迫。尺寸最小寬度為150公分，飼主可依需求以30公分為單位，增加寬度。貓牆高度為156公分，安裝時，貓牆下緣離地50公分，上緣離天花板，最好有40～50公分的距離。價格電洽，攝影_Amily，產品提供_格子窩創意

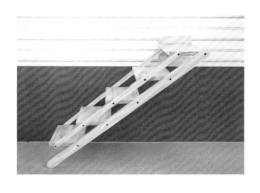

▌落地貓梯

貓牆離地50公分是因為下方空間可用性不大，所以直接用落地貓梯取代，貓梯勾掛於貓牆最下緣，可依實際需要調整高低的角度及左右向，方便老、幼或殘障貓咪上下貓牆。梯板寬22公分。價格電洽，攝影_Amily，產品提供_格子窩創意

▌時空膠囊碗

猶如太空船的圓弧形設計,搭配木製碗架可隨意調整碗的傾斜度,給予毛小孩最舒適的用餐狀態。每組木碗架均附有磁鐵,可以相互搭配或固定在冰箱、鐵櫃上。木架15×9cm、碗口徑12cm,材質:陶瓷、原木。價格電洽,圖片提供_Myzoo動物緣

▌貓咪蹭蹭刷

貓咪喜歡用兩側臉頰磨蹭牆角、物品以留下獨有氣味以宣示地盤主權。貓咪蹭蹭刷可固定在牆角或是籠子內,提供貓咪磨蹭時邊留下氣味邊按摩梳毛。NT.160元,圖片提供_MOMOCAT

▌ACEPET愛思沛飛瀑飲水壩

犬貓通用款,藉由活氧湧泉提高貓貓狗狗喝水意願,4公升大容量,三段水池讓不同高度貓狗都能舒適使用,低耗電量、特殊靜音設計,停電也能使用。NT.980元,圖片提供_MOMOCAT

▌組合式餐桌

超輕巧的攜帶式餐桌,防水防霉,易拆易組裝,專利可調式桌面高度,造型圓孔放置貓咪的餐碗或喝水碗,也可直接放在平台上,附收納袋。NT.480元(含碗),攝影_葉勇宏,商品提供_MOMOCAT

▌太空碗

造型取自飛碟的意象，流線的曲線外觀，搭配透明食碗，徹底展現未來感的創新設計。細緻的鐵件支架備有兩種規格尺寸，採用磁吸方式，可隨時替換，為家中的小寶貝體貼設想，避免用餐時脊椎壓迫，達到完美貼心的設計服務。價格電洽，圖片提供_Myzoo動物緣

▌原木寵物托高碗架

適當的高度減輕貓咪進食時的頸椎負擔。簡潔的斜、托高線條，採用金屬及原木素材打造，簡約的質感可以與任何居家風格搭配，且有多種木紋可供選擇。20×18.5×21cm，材質：實木、不鏽鋼、環保防水漆。價格電洽，圖片提供_拍拍Pets'& Design

▌貓咪烘毛機、烘毛箱

寵物貓狗專用烘毛機，安靜低音量不驚嚇到寵物，第二代紅外線幫助血液循環，可定時定溫將寵物皮膚表層完全烘乾、蓬鬆乾爽，可搭配MOMOCAT烘毛箱一起使用，加強效果。烘毛機NT.3,800、烘毛箱NT.4,785元，圖片提供_MOMOCAT

KEY 5

DESIGNER

設 計 師

圖片提供－NV ARCHITECTS

NV ARCHITECTS

設計師：Nika Vorotyntseva、、Tatiana Saulyak
Mail：nika@vorotyntseva.com
網址：www.vorotyntseva.com

是一間位於烏克蘭的設計事務所，致力於現代設計
與建築的融合，試圖實現屋主對空間的想望，並與
屋主激盪創意想法，打造出時尚家居。

攝影－Amily

SKY拾雅客室內設計

設計師：許煒杰
電話：02-2927-2962
Mail：syk@syksd.com.tw
網址：www.syksd.tw

對於空間不斷追求卓越高品質，做為未來永續發展
的一種模式，讓材質與想法不斷碰撞，創造出更
具極致生活文化是我們的決心。一個介於務實及理
想之間的對比，一個不斷講究最大可能性的完美比
例，拾雅客設計團隊期許能滿足每一位優質的客戶
是我們最大的成就。

圖片提供－三倆三設計事務所

三倆三設計事務所

設計師：陳致豪、曾敏郎、許富順、顏逸旻
電話：02-2766-5323
Mail：323interior@gmail.com
FB：www.facebook.com/323interior

設計強調以人為本，仔細傾聽每一位屋主對於居家
的期待，善於運用自然材質紋理和簡單化色彩，營
造溫馨細膩的生活情境，作品具有濃厚人文特質，
清新雋永。

圖片提供－于人空間設計

于人空間設計

設計師：余明璋
電話：0936-134-943
Mail：taco.tt8888@gmail.com
FB：www.facebook.com/taco.tt8888

希望在有限的空間條件中，除了規劃出使用者最佳的生活模式、基本居家機能外，如能讓空間溶於某種期待的意境中，那正是于人空間設計積極努力的方向。

圖片提供－丰墨設計

丰墨設計

設計師：王憲川
電話：02-2601-9397
Mail：mail@formo-design-studio.com.tw
網址：www.formo-design-studio.com

「What Will Be Has Always Been.」—Louis Kahn,1984。「設計」——對我們而言，不是刻意塑造的，而是將原本的存在，發覺並讓它顯露出來。

攝影－Amily

只設計‧部

設計師：何彥杰
電話：02-2702-4238；0930-391-365
Mail：justdesign@kimo.com
網址：www.justdesign.tw

秉持著設計的精神、在看似有理數的秩序裡譜寫著空間本質可窺見的詩性，刻畫出一種生活的模樣一份對家對空間的情感。於是，真實地生活了、有「感覺」地生活著。靠近了「設計」的精神、也在空間裡有感動地留下帶著溫度的詩文。

圖片提供－甘納空間設計

甘納空間設計

設計師：林仕杰、陳婷亮
電話：02-2775-2737
Mail：info@ganna-design.com
網址：ganna-design.com

以空間改造有無限可能為宗旨，為空間創造出未來 be going to的美好願景。「甘」為愉悅甜美，「納」則取其容納之意，代表著甘納已謙卑態度面對空間與人之間的關係，進而設計出舒適美觀與實用兼具的空間。

攝影－Amily

拓樸本然空間設計

設計師：睿哲、蓓蓓
電話：02-2876-5099
Mail：baba750702@gmail.com
FB：www.facebook.com/topocafe

拓樸本然。拓一開拓新的夢想、樸一回歸心的樸實、本一還原心的本質、然一善用心的自然。一家巷弄內的小咖啡館融合心的設計公司，從不為了設計而設計，只堅持因為生活，設計才之所以存在，有存在必要的設計才經得起時間的考驗。

攝影－Amily

杰瑪設計JMID

設計師：游杰騰
電話：02-2717-5669
Mail：jmid@kimo.com
網址：www.jmarvel.com

認為生活是從設計開始，在打造空間時，會利用多元建材、傢具、燈飾反映屋主的獨特個性，並致力於營造出充滿藝術與人文的情境故事。依照了空間的需求、屋主的喜好，特意挑選出能符合主人們對於家的渴望及理想，善用原木材質、文化石，強調藝術氛圍，挹注美感氣息。

浩室空間設計

圖片提供－浩室空間設計

設計師：邱炫達
電話：0953-633-100、03-367-9527
Mail：kevin@houseplan.com.tw
網址：www.houseplan.com.tw

以合理的空間、正確的比例、機能的適切，再加上
美學的搭配，讓每件作品都能完美的呈現。不做過
分誇飾的設計，由居住者的需要來考量最適切的設
計，單純的感動，才是深刻的。

得格集聚室內裝修設計

圖片提供－得格集聚室內裝修設計

設計師：謝其樺
電話：台北 02-8911-0188、桃園 03-3555-359、
手機 0920-773-528
Mail：HCH.jully@gmail.com
網址：www.design-dg.com

尊重需求、用心傾聽，探索個人特色、創造獨一無
二的生活品味，提昇視覺享受、重視實質觸感，平
衡機能與美學的衝突，達到整體工學合一，百分百
圓滿空間主人的大格局。

麥田室內設計有限公司

圖片提供－麥田室內設計

設計師：陳靖絨
電話：07-552-8849
Mail：myturn0709@gmail.com
FB：zh-tw.facebook.com/myturn0709

麥田室內設計成立六年，提供住宅設計裝修、商業
空間規劃、舊屋翻新改造、系統櫥櫃客製等服務，
擅長風格領域有北歐簡約、鄉村風格、美式古典、
新古典、系統傢具與木作完美結合等。

圖片提供－凱翊室內空間設計

凱翊室內空間設計

設計師：梁信文
電話：0912-265-497
Mail：kaiyi.design@gmail.com
網址：shinwen5.wix.com/kaiyi-design

美是一種主觀的個人感受，而一個好的設計作品往往是業主和設計師相互拉扯、溝通、協調後的產物。凱翊設計擅長掌控設計美感的大方向並滿足客戶對設計的要求，藉由專屬的客製化設計創造專屬的空間饗宴。

圖片提供－裏心空間設計

裏心空間設計

設計師：李植煒、廖心怡
電話：02-2341-1722
Mail：rsi2id@gmail.com
網址：www.rsi2id.com.tw

裏＝裡＝室內，取名裏心就是因為我們希望用心作好每個設計，我們不會強調特別擅長哪類的風格，也沒有華麗的設計背景，總是藉由多次溝通討論找出每個人喜好與想法，相信每個人對自己的空間都有不同的詮釋方法，因此每個案子都會呈現出屬於屋主自己的風格與特色。

圖片提供－達圓室內空間設計

達圓室內空間設計

設計師：陳揚明、謝淑芬
電話：03-287-1494
Mail：dyd@dyd.tw
網址：www.dyd.tw

達圓設計講究於比例、動線、質感、自然、光的融合，表達空間的溫度與深度，傳達出設計的內在精神，也悄悄地在空間中隱藏著主從關係，安排完美比例的呈現，打造出每個空間獨有的舒適感受，那種客製化的設計，我們稱它為「空間的表情」。

圖片提供－爾聲空間設計

爾聲空間設計

設計師：陳榮聲、林欣璇
電話：02-2358-2115
Mail：info@archlin.com
FB：www.facebook.com/archlinstudio

由兩位旅澳歸國的建築師成立於2014年。設計源自於對陽光，自然，簡約的熱愛。在作品當中，除了致力於客制屬於不同業主的居住空間，同時也具備國際視野。爾聲空間熱愛以自然光和動線為基本設計考量，以穿透的手法引進光線之外，在格局上也擅長以西方配置打造開放的居住環境。

圖片提供－墨桓空間設計

墨桓空間設計

設計師：陳運賢
電話：02-2358-2823
Mail：ian730402@gmail.com
網址：www.modeondesign.com

設計專業、是我們與世界溝通的語言、提供細心的製圖、讓空間銳變成為一個專屬獨特場所、透過各領域的優秀團隊、導入豐富資源、在不斷的創新過程中、提出美感與機能並行的設計策略。

圖片提供－蟲點子創意空間設計

蟲點子創意設計

設計師：鄭明輝
電話：02-8935-2755
Mail：hair2bug@gmail.com
網址：indot.pixnet.net/blog

本身是設計師也是插畫作家的身分，熱愛所有富含創意的事物，從生活中發掘創意、有趣的點子來發揮。在空間的作品表現，以其獨特的線條紋理及空間穿透、光影層次、型塑出他個人空間設計的特點，詮釋屬於蟲點子創意空間的人文簡約風格。

KEY6
·
SHOP

嚴 選 好 店

MEYOU PARIS

Mail：contact@meyou-paris.com
網址：www.meyou-paris.com/fr

Meyou Paris的傢具設計源自如何滿足飼主對貓傢具的期待。提供精緻優雅的貓咪設計傢具，致力於與居家風格和諧一致，同時也讓貓咪用得更舒適。

MOMOCAT・摸摸貓・手作貓傢具

電話：02-8292-5457
Mail：momocatdiy@gmail.com
網址：www.momocat.cc

創立於2008年的台灣手作貓跳台品牌，擁有多項寵物用品專利技術，並提供「貓」性化原創設計，全方位考量貓咪動線、習性、安全性等；系列產品強調採用低甲醛塑膠貼皮木心板與系統傢具厚質封邊等建材，以及全台首創柱體永久保固，打造穩固耐用且好清理的質感貓傢具。

MYZOO動物緣

電話：0800-558-828
地址：台中市民權路304巷4號1樓
網址：www.myzoostudio.com

MyZoo動物緣，一個寵物的品牌，串起與動物的緣分。藉由這些產品更能拉近人與動物的關係，不止以人性的角度去思考，更以寵物的立場去思考設計，使寵物更舒適，主人用的也放心。

NO.88倉庫

電話：02-2937-2888
地址：台北市中正區忠孝西路一段33號7F
網址：www.88storehouse.com

「No.88倉庫」沒有名牌，不追逐流行，不讓華而不實的裝飾掩蓋物品原始材質的自我個性美。如同我們總渴望在生活中能快樂做自己，忠於原味。「No.88倉庫」是生活的，是工藝的，也是美學的。希望順應大自然的時序過生活。沿著古人的智慧，運用適當媒材做出最佳美器。

拍拍PETS'& DESIGN

電話：06-222-0233
地址：台南市南區西門路一段689巷19號
網址：www.2picreative.com

「為寵物誕生的設計工藝」。拍拍著重寵物、人與空間之關係，貼近生活中的點滴互動。以天然、安全兼具質感的複合素材，搭配匠心獨運的設計與手作，重新詮釋寵物與人的居家生活定義。

格子窩創意

電話：02-2610-0246
地址：新北市八里區大堀湖2-9號
網址：www.catswall.com.tw

「格子窩創意」（Catswall），完全以貓咪為主的傢俬設計。因為養貓、愛貓，透過對貓咪的觀察與了解，構築出創作的概念，然後以我們可以達成的技術將概念成形，所有設計都會經過貓咪的測試，符合他們的習性。格子窩所設計的貓傢俬，完整的結合了創意、手工藝與愛貓咪的心意，希望給貓咪幸福的生活，又能夠滿足愛貓人的需求。

就是貓旅館

電話：02-2234-1487
地址：台北市文山區木柵路三段85巷23弄
18號1樓
網址：justcathotel.blogspot.tw

提供平民價格的貓咪住宿服務，單純服務貓咪，不會有狗狗入住，能讓貓咪享有寧靜舒適的環境。提供獨立住宿房，每個房間皆具抽風設備，附有跳板、躲藏休憩間以及貓砂間。並有寬敞的活動區，附有遊樂設施，不定時輪流放風，讓貓咪自由走動遊玩。

愛貓園旅館

電話：02-2737-0766#18
地址：台北市大安區基隆路二段112號1&5樓
網址：www.lovecat.com.tw

以對待朋友的信念，服務來店裡的所有消費者；在這裡我們結合喜歡動物的夥伴，不斷學習專業知識與技術，提供正確必要的服務，細心照顧每個寵物族群，使寵物與飼主能幸福生活。

國家圖書館出版品預行編目 (CIP) 資料

就是愛和貓咪宅在家：讓喵星人安心在家
玩！貓房規劃、動線配置、材質挑選，500
個人貓共樂的生活空間設計提案 / 漂亮家
居編輯部作. -- 1 版. -- 臺北市：麥浩斯出
版：家庭傳媒城邦分公司發行, 2017.05
　面；　公分. -- (Style；54)
ISBN 978-986-408-280-3(平裝)

1. 家庭佈置 2. 空間設計

422.5　　　　　　　　　　　106007430

Style 54

就是愛和貓咪宅在家

讓喵星人安心在家玩！貓房規劃、動線配置、材質挑選，
500 個人貓共樂的生活空間設計提案

作　　　者｜ 漂亮家居編輯部
責任編輯｜ 蔡竺玲
採訪編輯｜ 王玉瑤、余佩樺、張景威、許嘉芬、陳婷芳、劉亞涵、蔡竺玲、鍾侑玲
封面＆版型設計｜ 莊佳芳
美術設計｜ 詹淑娟
行　　　銷｜ 呂睿穎
版權專員｜ 吳怡萱

發 行 人｜ 何飛鵬
總 經 理｜ 李淑霞
社　　　長｜ 林孟葦
總 編 輯｜ 張麗寶
叢書主編｜ 楊宜倩
叢書副主編｜ 許嘉芬
出　　　版｜ 城邦文化事業股份有限公司 麥浩斯出版
地　　　址｜ 104 台北市中山區民生東路二段 141 號 8 樓
電　　　話｜ 02-2500-7578
E - m a i l｜ cs@myhomelife.com.tw
發　　　行｜ 英屬蓋曼群島商家庭傳媒股份有限公司城邦分公司
地　　　址｜ 104 台北市民生東路二段 141 號 2 樓
讀者服務專線｜ 0800-020-299 （週一至週五 AM09:30 ～ 12:00；PM01:30 ～ PM05:00）
讀者服務傳真｜ 02-2517-0999
劃撥帳號｜ 1983-3516
劃撥戶名｜ 英屬蓋曼群島商家庭傳媒股份有限公司城邦分公司
香港發行｜ 城邦 (香港) 出版集團有限公司
地　　　址｜ 香港灣仔駱克道 193 號東超商業中心 1 樓
電　　　話｜ 852-2508-6231
傳　　　真｜ 852-2578-9337
馬新發行｜ 城邦 (馬新) 出版集團 Cite (M) Sdn Bhd
地　　　址｜ 41, Jalan Radin Anum, Bandar Baru Sri Petaling,
　　　　　　 57000 Kuala Lumpur, Malaysia.
電　　　話｜ 603-9057-8822
傳　　　真｜ 603-9057-6622
總 經 銷｜ 聯合發行股份有限公司
電　　　話｜ 02-2917-8022
傳　　　真｜ 02-2915-6275
製版印刷｜ 凱林彩印股份有限公司
版　　　次｜ 2017 年 5 月初版一刷
定　　　價｜ 新台幣 380 元整
Printed in Taiwan

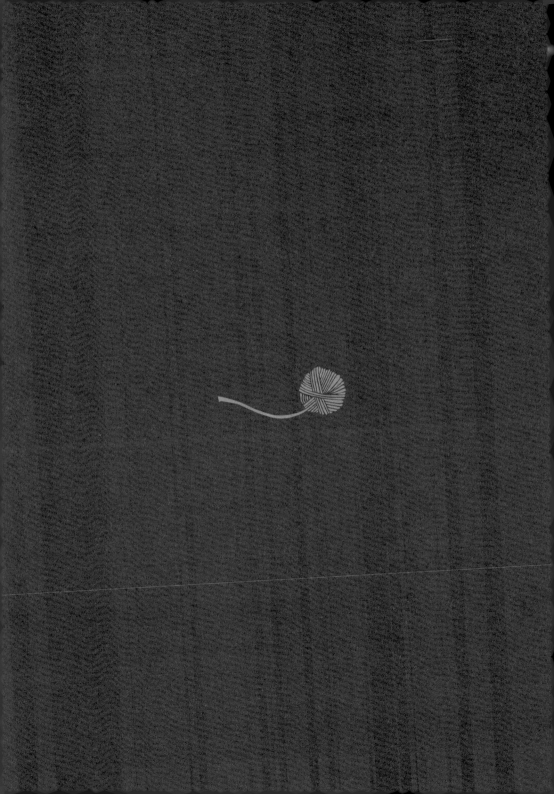

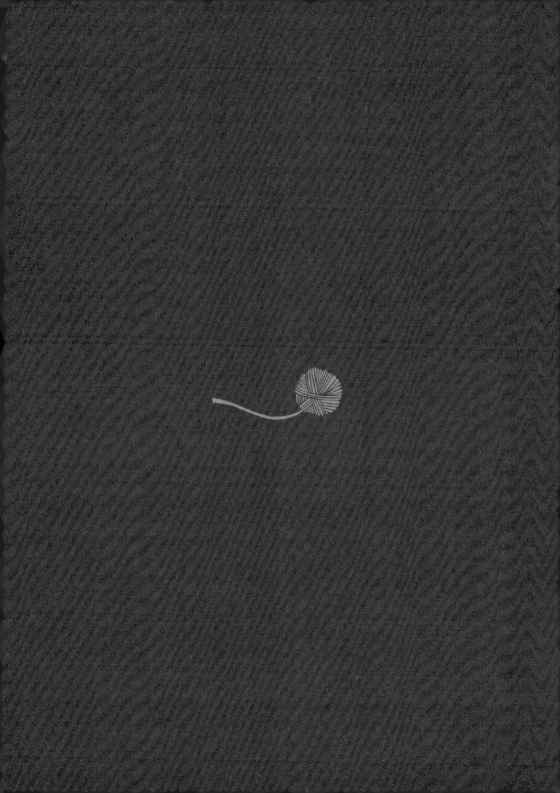

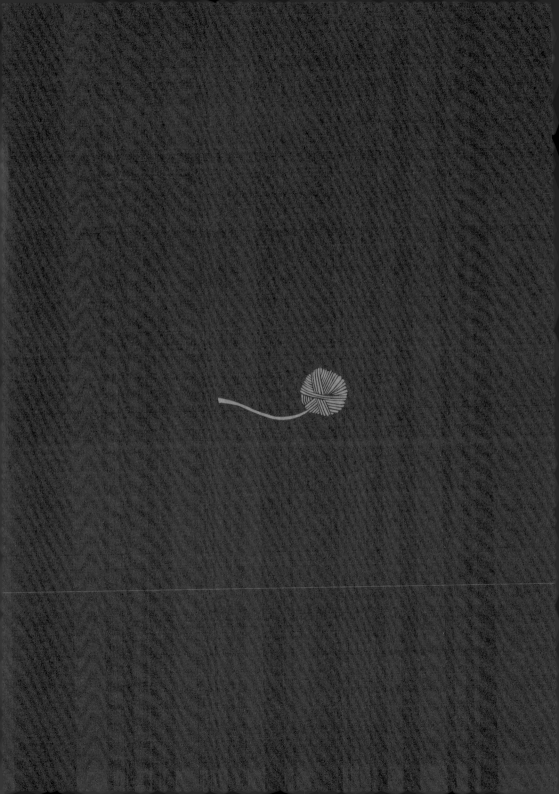